LES

TROGLODYTES

DE LA GARTEMPE

DIEU & PATRIE
FOYER & TRAVAIL
IMPRIMEUR
FONTENAY
(Vendée)

LES

TROGLODYTES

DE LA GARTEMPE

FOUILLES

DE LA GROTTE DES COTTÉS

PAR

RAOUL DE ROCHEBRUNE

---

26 planches à l'eau-forte par MM. Octave *et* Raoul DE ROCHEBRUNE
Reproduction de 340 objets

FONTENAY-LE-COMTE

IMPRIMERIE CHARLES CAURIT

1881

Tiré à quatre-vingts exemplaires

I

LA VALLÉE DE LA GARTEMPE

Depuis plusieurs années, un grand nombre de grottes ont été dépouillées de leur mobilier préhistorique; mais bien peu, à mon avis, en ont offert un aussi complet et aussi varié que celui qui a été retiré de celle des Cottés. Les troglodytes de la Gartempe vont désormais avoir leur célébrité, autant que ceux des cavernes du Chaffaud et du Périgord.

La grotte des Cottés, située dans un massif rocheux, à une centaine de pas du château du même nom, appartenant à M. du Fontenioux, s'ouvre au penchant d'un coteau peu rapide. Éclairée par le soleil levant, elle est garantie des vents du nord et du nord-est par un contrefort en rocher calcaire, élevé de quelques mètres à côté de son entrée principale. (Voir planche II.) La Gartempe, belle rivière de cinquante mètres de large environ, roule ses eaux limpides à cent vingt mètres de là; les méandres qu'elle décrit au milieu de cette jolie vallée se dessinent en lignes argentées à travers les prairies et chênes séculaires dont elles sont ombragées. Même à l'époque où vivaient nos troglodytes, cette situation exceptionnelle ne dut pas être sans influence sur le choix qu'ils firent de cette station, où la nature s'était plu à faire régner un climat plus tempéré qu'ailleurs par les abris naturels qu'elle y avait entassés. (Pl. Ire.)

La vallée de la Gartempe, connue de bien peu de touristes, est cependant l'une des plus pittoresques que nous ayons en France; quelques personnes même la préfèrent à celle de la Creuse. A droite et à gauche, des rochers émergent çà et là et soutiennent, dans leurs interstices, des parcelles de terre qui, couvertes de chênes noirs, forment un contraste frappant avec le reste du pays et contribuent au charme du point de vue. Ces rochers calcaires sont percés, dans leurs flancs, par de nombreuses cavernes naturelles : la plus spacieuse appartient à M. le comte de Laage; elle a une très grande hauteur (près d'une quinzaine de mètres), et la voûte est formée par des milliers de petites coupoles d'un aspect remarquable. Plus loin, on en trouve encore quelques-unes chez M. le comte de la Touche, qui possède, ainsi que M. le comte de Laage, de nombreux silex trouvés dans les environs.

M. de la Touche a dans sa collection un échantillon des plus curieux de l'époque de Solutré ou de transition : c'est une lance parfaitement régulière, taillée des deux côtés, terminée en pointe à ses deux extrémités, dont l'une cependant est moins acérée; elle mesure trente-trois centimètres de longueur et six centimètres de largeur. Près de son avenue, en faisant un fossé qui la sépare de la route, les ouvriers découvrirent un véritable atelier de pierres taillées; ils n'y firent aucune attention et continuèrent leur travail sans accorder un coup de pioche à la curiosité : aujourd'hui, on peut encore voir les rebords du fossé jonchés d'éclats, sur un espace de vingt-cinq à trente mètres. Un des ouvriers, ayant découvert cette magnifique pièce intacte, l'offrit à M. de la Touche en lui disant qu'il venait de trouver un coin de tonnerre (1).

(1) Les gens du pays désignent ainsi les pierres taillées.

M. de la Touche a également recueilli les ossements ainsi que la mâchoire u *felis spælea*, qui gisaient, pour ainsi dire, incrustés dans une pierre d'une ature très tendre; il a donné cet échantillon à M. le curé de Saint-Pierre-les-Églises, chez lequel j'ai pu admirer une très belle et surtout très ombreuse collection de silex.

Plusieurs grottes existent à la Guitière; elles seront fouillées prochainement, râce au magnifique résultat que j'ai obtenu. Aucune cependant n'a l'impor-ance de celle des Cottés : elles sont plus élevées sur le coteau, remplies 'une terre sèche sans consistance, n'ayant aucune analogie avec le beton si ur contenu dans l'autre.

Ce qui prouve combien ce pays a été habité pendant la période gauloise et allo-romaine, ce sont tous les débris que l'on rencontre à chaque pas sur e sol.

A Mazères (pl. VI, cours de la Gartempe), on voit les traces d'une ville allo-romaine assez importante. Chaque habitant possède, dans ses caves ou sa our, des fragments de murailles reconnaissables à leur petit appareil. Vers e milieu du village, existait une piscine d'à peu près quatre mètres de iamètre; comme elle dépassait le sol, on en a démoli une portion. eaucoup de vases en terre rouge ont été recueillis. Enfin, un maçon avait écouvert une statue en pierre de cette époque, excessivement curieuse; nalheureusement il l'a brisée pour en faire du moellon et n'a conservé u'une des mains. J'ai vu cette main; elle est d'un travail assez barbare t tient une grappe de raisin autour de laquelle s'enlace un serpent.

Il y a un mois, à quatre ou cinq cents mètres de ce village, des laboureurs, oulant enlever des pierres énormes qui les gênaient, ont exhumé des ssements humains en grand nombre, entourés de vases en terre rouge. 'était probablement le lieu de sépulture. Des fouilles, faites sur ce point, mèneraient, je crois, la découverte des objets les plus intéressants.

A la Fondérie, sur un espace de plus de cinq cents mètres, les briques à rebords se touchent toutes. Les gens du pays vous disent qu'il y a eu là une ville engloutie (Fondérie, ville fondue).

En consultant la carte du cours de la Gartempe (pl. VI), le lecteur sera frappé de la quantité des grottes ouvertes dans les flancs des hauts rochers perpendiculaires qui bordent ses rives. Celles de la Guitière, de la Roche-Aguet, des Cottés, de la Carotte, de Jutreau, de la Thuilerie, de Dousse, de Remerle, de Boisdichon, sont célèbres dans tout le pays; mais aucune peut-être ne renferme, dans ses enceintes de pierre, l'immense quantité de silex travaillés et d'ossements appartenant à la faune préhistorique qu'il m'a été donné de sortir de la grotte des Cottés.

Evidemment, cette vallée a été une station très importante de troglodytes, dont on retrouve à chaque pas les nombreux vestiges. Jusqu'à ces dernières années, les cavernes avaient été complètement négligées et n'étaient visitées que par des curieux ne soupçonnant pas l'importance scientifique des objets qu'elles renferment. Aujourd'hui heureusement il en est autrement, et les grottes sont recherchées comme devant fournir les renseignements les plus complets et les plus authentiques sur une époque qui nous est encore bien peu connue. Cette première fouille ne fera donc que m'encourager, et si j'ai la bonne fortune de trouver des propriétaires complaisants, tels que ceux que j'ai déjà rencontrés, j'espère faire connaître au monde savant l'importance de cette station de troglodytes des vallées de la Gartempe et de l'Anglin.

II

LES TROGLODYTES

Un mot sur les troglodytes, dont nous allons visiter une des demeures ıterraines. Je me suis inspiré souvent de la célèbre conférence du docteur Broca, car tout ce qu'il y dit se rapporte si exactement à ce que j'ai trouvé, 'on pourrait confondre les troglodytes de la Vézère et de la Gartempe en ẽ seule et même peuplade. Leur antiquité ne saurait être définie; aucun torien n'en a jamais parlé : il n'y a que depuis une vingtaine d'années on commence à s'en occuper, et les cavernes seules peuvent nous donner ːlques renseignements.

À l'époque appelée diluvienne, nos rivières étaient de véritables torrents, ːe qu'elles sont actuellement dans leurs lits rétrécis et presque stables ne ıt nous donner qu'une faible idée de ce qu'elles étaient alors, surtout au ment de la fonte des neiges et des glaciers. Les grottes situées maintenant n au-dessus et à une grande distance des rives devaient se trouver, à cette que, au niveau de l'eau. L'homme y stationnait, naturellement protégé ıtre les bêtes féroces avec lesquelles il était continuellement obligé de er; sa caverne, dont les issues étaient abritées à la fois par l'eau et sans doute une fermeture quelconque, devenait un lieu inaccessible, d'où il bravait ounément ses ennemis. Au lieu de pénétrer dans les terres, il se cantonnait les cours des fleuves et des rivières si faciles à explorer. Jusqu'ici, dans une caverne de troglodytes, on n'a trouvé de pierres polies : ils appartiennent donc complètement à l'époque paléolithique; ils ont été contemporains du mammouth, de l'*ursus ferox,* du *felis spelæa,* de l'*hyæna crocuta,* etc.; ils ont combattu ces terribles animaux qui, même aujourd'hui, avec l'armement moderne Winchester et les balles coniques explosibles à pointe d'acier, ne sont chassés qu'avec appréhension par les gens les plus intrépides.

Nos troglodytes vivaient complètement à l'état du sauvage, et rien ne peut nous renseigner plus sûrement sur leur mode d'existence que l'étude de ces derniers. L'analogie de leurs instruments est vraiment étonnante et a été constatée par tous les savants; j'en donnerai plus d'une preuve dans le cours de ce travail.

A l'époque mousterienne, première époque des cavernes, type que j'ai trouvé dans la grotte des Cottés, ils vivaient dans la plus grande barbarie, ne sachant nullement façonner l'os et la corne; aussi les silex abondent dans leurs stations, mais ils sont en général grossiers et mal taillés; ils n'avaient point de ces petits outils adroitement fabriqués et retouchés que j'ai rencontrés en si grand nombre à l'époque magdalenienne.

La pointe mousterienne était leur arme principale. J'en ai recueilli de magnifiques échantillons.

Ils se nourrissaient surtout de cheval, d'auroch et de renne, et étaient particulièrement friands de la moelle renfermée dans les ossements qu'ils cassaient et suçaient avec soin. Après le repas, ils laissaient les os épars sur le sol de la caverne, la température excessivement froide ne leur permettant pas d'entrer en décomposition; voici pourquoi la terre en était entièrement jonchée.

Les troglodytes aimaient à se colorer et à se tatouer, comme le prouve un os en forme de petite boîte contenant une matière rouge, sorte de carmin; j'en donnerai plus loin la description.

A l'époque magdalenienne, ils cultivèrent le dessin; mais, dans la grotte des Cottés, ils étaient encore dans l'enfance de l'art, essayant le plus souvent de tracer sur leurs ossements des lignes dans tous les sens, sans forme réelle.

en ai recueilli un grand nombre, travaillés de cette sorte : sur un de leurs oinçons, ils se sont amusés, dans la partie plate de sa base, à graver des gnes parallèles. Cependant, sur un os d'auroch, on peut voir très nettement reproduction d'animaux de cette époque. C'est la seule gravure distincte ue je possède. (Pl. VIII.)

J'ai constaté qu'ils ne devaient pas avoir d'emmanchements en corne pour urs silex ; je n'en ai aucun spécimen, bien qu'ayant trouvé une multitude e bois et d'objets en bois de cerf. Nulle trace d'aiguille à chas, mais une ultitude de poinçons qui, à leur défaut, devaient servir à percer des trous t à passer leurs lanières.

Ils allumaient, dans leurs retraites, des foyers dont on retrouve de ombreuses traces. Quant à l'art de la poterie, je crois qu'ils l'ignoraient omplètement.

CLASSIFICATION DES CAVERNES.

Avant de commencer la description de la grotte des Cottés et le récit de es fouilles, je vais donner un bref aperçu sur les différentes époques des avernes. Je crois ces quelques lignes nécessaires, pour les personnes qui oudraient me lire et qui n'ont pas étudié ces sortes de questions.

L'âge de la pierre se divise en deux grandes époques, qui se subdivisent lles-mêmes en beaucoup d'autres; ces deux grandes périodes sont :

1° La période Paléolithique ou de la pierre taillée ;

2° La période Néolithique ou de la pierre polie.

Les cavernes appartiennent exclusivement à la première ; le temps pendant quel elles ont été habitées a pris fin au moment très nettement défini où se ontrent, avec la pierre polie, les monuments mégalithiques et les animaux omestiques.

Cette grande époque des cavernes a été subdivisée en plusieurs. M. de ortillet, notre savant conservateur adjoint du Musée de Saint-Germain, l'un des hommes les plus (sinon le plus) compétents en ces sortes de matières, a adopté quatre époques ayant chacune des types caractéristiques (1). Il a désigné ces époques par le nom de la localité la mieux connue et la plus remarquable :

1° Epoque des Moustiers ;
2° Epoque de Solutré ;
3° Epoque d'Aurignac ;
4° Epoque de la Madelaine.

Dans la grotte des Cottés, je n'ai trouvé que deux grandes époques bien distinctes :

1° Celle du silex, sans mélange d'os ou bois travaillé, avec présence du mammouth, du rhinocéros *tichorhynus*, de l'*equus caballus*, de l'auroch ;

2° Celle du bois travaillé, des poinçons, des flèches en os, avec prédominance du renne.

La première de ces couches appartient évidemment aux Moustiers, la seconde à la Magdeleine ; car tout ce que j'y ai trouvé correspond parfaitement aux signes typiques attribués par M. de Mortillet à ces deux époques.

Voici ce que dit M. de Mortillet sur ces deux périodes :

Époque des Moustiers.

« La localité classique, le Moustier, commune de Peysac (Dordogne), maintenant à peu près épuisée, était fort riche en silex taillés et très pauvre en ossements même à l'état naturel. Les haches en silex taillées à grands éclats, en amande, type de Saint-Acheul, s'y rencontrent assez fréquemment ; les deux formes les plus caractéristiques sont :

» 1° Les lames de silex à cassure franche d'un côté et à retailles plus ou moins fines de l'autre, formant des pointes de javelot ou de lance ; elles sont désignées sous le nom spécial de pointes du type du Moustier ;

(1) *Promenades au Musée de Saint-Germain*, par M. G. de Mortillet, 1869.

» 2° Les râcloirs, grands éclats de silex dont la majeure partie souvent reste brute, mais dont un des bords, décrivant une large courbe, est retaillé. Ces instruments, qui ont des analogues dans les alluvions de la Somme et de la Seine, pouvaient facilement se prendre à la main. »

Cette époque est aussi caractérisée par quelques larges instruments taillés sur une seule face en forme de couperets, par de grands éclats triangulaires coupants sur le côté, et par la présence du rhinocéros, qui a vécu pendant cette période.

Époque de la Madelaine.

L'époque de la Madelaine est indiquée par le couteau, long éclat de silex plat d'un côté, à trois pans de l'autre. Beaucoup de grattoirs, de perçoirs ou tarauds; ces instruments avaient leur extrémité terminée par une pointe très acérée, servant à percer le bois et les os. Une multitude de petits instruments en silex, destinés à travailler le bois de renne; un important progrès se manifeste : on fabrique des outils qui doivent en façonner d'autres. On remarque aussi, à cette époque, la grande quantité d'os brisés qui jonchent le sol.

« Comme ornement, — écrit M. de Mortillet, — certaines dents étaient recherchées; on les perçait d'un trou à la racine, pour les suspendre et en former probablement des colliers. Les incisives de cerf sont encore, de nos jours, fort recherchées comme trophées de chasse; lorsqu'on a tué un cerf, les piqueurs les arrachent et les vendent de vingt à quarante francs aux personnes qui ont suivi la chasse. On les fait monter en épingle.

» Parmi les instruments en os ou bois de renne les plus délicats, sont des aiguilles à chas faites avec beaucoup de soin. Tout d'abord assez longues, le chas ou trou se cassait facilement; alors, on perçait un nouveau trou, ce qui raccourcissait successivement l'aiguille, qui finissait par être courte et trapue.

Le chas se faisait au moyen de petites lames de silex, terminées par une pointe fine. »

Les poinçons en os de renne, en général, sont aussi fort nombreux : on en trouve de toute dimension.

Des petits éclats d'os, taillés en pointe aux deux extrémités, servaient d'hameçon. On les attachait par le milieu, de sorte qu'avalés par le poisson, il y avait toujours une des pointes qui le retenait.

On voit apparaître les pointes de flèches et les bâtons de commandement. Quelques-unes de ces pointes en os sont barbelées; d'autres sont très longues, méplates, très acérées, fendues à la base ou bien taillées en biseau, quelquefois garnies de lignes en creux pour mieux retenir le manche.

L'art commence à se manifester par des gravures très nombreuses; les troglodytes de ces époques, sans être des artistes, avaient cependant un grand sentiment de la forme et quelquefois même des proportions.

Comme faune, le renne domine à cette époque. Quelques mammouths, mais fort rares.

Tout le monde sait que, depuis la première apparition de l'homme, il y a eu de nombreux changements dans la faune de l'Europe occidentale, faune qui comprenait alors des espèces aujourd'hui éteintes. A l'époque tertiaire, nous voyons les traces de l'éléphant méridional, du rhinocéros *leptorinus* et du grand hippopotame. La fin de l'époque tertiaire fut signalée par un refroidissement général de très longue durée, nommé période glaciaire; l'adoucissement de la température amena l'époque diluvienne ou fonte des glaciers, puis vint l'époque quaternaire. Parmi les animaux répandus sur notre sol à l'époque quaternaire, les uns sont éteints, comme le mammouth; d'autres, comme le renne, ont émigré; d'autres, comme le cheval, sont restés. Ce sont les animaux actuels.

Je n'entreprendrai point la description de toute la faune quaternaire; je ne m'occuperai que des espèces recueillies dans la grotte des Cottés.

ANIMAUX ÉTEINTS.

1° L'*Elephas primigenius* (Mammouth), roi et géant de cette faune. Protégé ontre le froid par une épaisse fourrure laineuse, pourvu de défenses ormidables et n'ayant à craindre aucun ennemi, il avait prospéré, il s'était épandu partout. C'est donc à bon droit que la première période de l'époque uaternaire a été appelée l'Age du Mammouth. Dans la Nouvelle-Sibérie, n chasseur découvrit le corps du mammouth dans une dune glacée. M. Adam, ui le vit, nous donne les détails suivants : « La peau était couleur gris foncé, ecouverte d'une laine rougeâtre, mélangée de longs poils noirs, plus épais que s crins d'un cheval. »

2° Le Rhinocéros *tichorhinus*, à narines cloisonnées, à longs poils de laine, ompagnon fidèle du mammouth ; trois espèces ont habité l'Europe : le *Merkii*, l'*Etruscus*, et enfin le *Tichorhinus*.

3° Le *Bos primigenius* (ou *Urus*).

4° Le *Felis spelæa* (Lion des cavernes), beaucoup plus grand que les lions ctuels et possédant à un degré exagéré les caractères qui distinguent cette spèce de tigre.

5° L'*Hyena spelæa* (Hyène des cavernes), d'une taille bien supérieure à elle de la hyène *crocuta* ou hyène tachetée de l'Afrique méridionale; elle aractérise, en Europe, l'époque paléolithique.

ANIMAUX ÉMIGRÉS.

1° *Bison Europæus* (Auroch), très commun. « L'empereur de Russie fait conserver l'auroch dans les forêts impériales de Lithuanie, dit John Lubbok. Toutefois, son existence semble fort précaire. En 1830, la horde se composait de sept cent seize individus, sur lesquels cent quinze furent tués pendant la révolution polonaise, en 1831. Depuis cette époque, la horde s'augmenta jusqu'en 1857 ; elle comptait alors mille huit cent quatre-vingt-dix-huit individus, mais ce nombre se trouva réduit à huit cent soixante-quatorze pendant la dernière insurrection polonaise. Depuis 1863, on n'a publié aucune statistique nouvelle. Selon Ratimeger, et il est impossible de citer une autorité plus compétente sur une question semblable, notre antique bison est identique au bison actuel américain. Voilà un exemple frappant de deux espèces aujourd'hui distinctes, reliées l'une à l'autre par leurs restes fossiles. »

2° *Cervus tarandus* (Renne); il variait beaucoup de taille. Le renne existe encore dans l'Europe septentrionale, mais il a complètement disparu de l'Europe occidentale; il se retire graduellement vers le nord, incapable qu'il est de résister à la civilisation qui s'avance.

ANIMAUX ACTUELS.

1° *Equus caballus* (Cheval); il y en avait d'au moins deux espèces, dont quelques sujets de très grande taille. Les chevaux sauvages, qui habitaient anciennement l'Europe, différaient quelque peu de la race actuelle. Le professeur Owen les a décrits, comme races séparées, sous le nom d'*Equus fossilis* et d'*Equus spelæus*. La dernière espèce était bien plus petite que la première, et les troglodytes en étaient, en général, très friands. On discute cette variété, car elle est basée uniquement sur une variété de taille plutôt que sur une différence de forme. (John Lubbok; l'*Homme préhistorique)*.

2° *Cervus elaphus* (Cerf commun actuel); très peu nombreux.

3° *Sus ferus* (Sanglier); un seul spécimen.

4° *Canis lupus* (Loup).

5° *Canis vulpes* (Renard).

6° *Martes Sp.* (Marte).

La température, en devenant moins rigoureuse, favorisa le développement des herbivores, tels que : rennes, chevaux, bisons, bœufs. Ces animaux se mirent à disputer au mammouth sa nourriture; beaucoup plus féconds, s se multiplièrent : le climat, favorable pour eux, lui devenait nuisible. Le ammouth, si commun dans la première période quaternaire, commença onc à diminuer; plusieurs des espèces qui avaient vécu avec lui déclinèrent ussi. Vers le milieu de l'époque quaternaire, il y eut un *âge intermédiaire ;* le enne s'accrut considérablement. Puis vint le troisième et dernier âge de époque quaternaire ; le renne pullula, il constitua la principale nourriture e l'homme et donna à cette troisième période le nom d'*âge du renne.* nfin, la température, devenant de moins en moins rigoureuse, chassa encore es animaux et amena ce que nous appelons l'époque moderne ou époque des nimaux actuels.

III

LA GROTTE

En chassant avec mon beau-frère, M. R. du Fontenioux, j'ai parcouru bien souvent le pays. Dans un rayon de trois ou quatre lieues, les champs sont littéralement couverts de débris de silex à l'état rudimentaire; beaucoup aussi de taillés, tels que fragments de couteaux, haches polies, énormes casse-tête, du type de Saint-Acheul ; je suis revenu plusieurs fois les poches pleines.

Comme je l'ai déjà dit, la grotte se trouve dans un massif rocheux, un peu à droite du château, séparée de la rive par une jolie bande de pré qui se prolonge dans toute la longueur de cette charmante vallée.

Primitivement, l'eau devait arriver jusqu'au pied de la grotte, la rendant ainsi inaccessible aux bêtes féroces. De plus, elle est si bien masquée par les anfractuosités du rocher, qu'un étranger passerait devant sans soupçonner son existence. (Pl. II.)

A des époques qu'on ne peut préciser, cette caverne a été complètement submergée ; en effet, sur les rocs voisins on voit parfaitement l'usure produite par les courants, et cette usure indique un séjour prolongé. (Pl. II, — et pl. IV, coupe de la grotte au point M.)

Un peu à droite, à huit ou dix mètres au-dessus, se trouve une seconde grotte ; l'entrée en est murée par d'énormes pierres.

La grotte des Cottés se compose de deux pièces spacieuses, bien aérées et très sèches; ces deux pièces se communiquent directement. (Pl. VI, plan de la grotte.) L'entrée extérieure mesure deux mètres vingt centimètres de largeur et a la forme d'une vaste porte cochère. (Pl. III, entrée de la grotte.) La première pièce, que je nommerai plutôt abri, a huit mètres sur dix; à droite et à gauche, se trouvent deux grandes ouvertures qui lui donnent beaucoup de clarté. (Pl. IV, coupe de la grotte en A.) La deuxième chambre a douze mètres sur huit; elle était bien plus confortable que la précédente : nos troglodytes devaient y passer la nuit, tandis que, durant le jour, ils se tenaient dans la première pour tailler leurs silex. J'ai constaté, pendant les fouilles, que cette chambre, assez froide dans la journée, était d'une température bien plus douce le matin et le soir, et par conséquent devait être très habitable la nuit : au reste, un bonhomme du pays, surnommé le père Lolo, y a vécu plusieurs années; il s'était fabriqué des fermetures fort grossières et il y couchait. En F et en E, sont deux couloirs que je n'ai pas eu le temps de fouiller, et en A, deux rochers naturels ayant pu servir de sièges.

La grotte des Cottés est située à peu près à sept mètres au-dessus de la rivière, et elle en est éloignée d'environ cent cinquante mètres.

En 1879, mon beau-frère, poussé par M. O. de Rochebrune, qui avait remarqué dans la grotte la présence de plusieurs fragments de silex taillés, fit creuser et creusa lui-même pendant quelques heures; mais il y renonça bientôt, par suite du peu de succès de ses recherches.

Plus tard, un habitant de Saint-Pierre-de-Maillé, chercheur de trésors, passant son temps à sonder et ne trouvant jamais rien, ayant entendu parler de cette caverne et profitant de l'absence des propriétaires, vint y fouiller durant la nuit. Heureusement que, n'ayant rien découvert à l'endroit indiqué par sa baguette, il se découragea vite et ne dérangea qu'une très petite portion du sol.

Peu de temps après, j'arrivais aux Cottés. Ayant eu connaissance de ces faits, je voulus aller voir la fameuse grotte : j'y ramassai plusieurs ossements plats, qui attirèrent mon attention. Ces ossements, portés à Nantes, furent reconnus par M. le baron de Wismes comme ayant appartenu à l'auroch, et sa perspicacité en ces sortes de recherches lui fit découvrir, sur la partie polie de l'un d'eux, des dessins légèrement gravés au trait, où il était facile de voir la silhouette de deux renards. (Pl. VIII, en B.)

Une fouille sérieuse et méthodique devenait nécessaire. — Au mois de septembre 1880, je partais donc avec mon père, qui avait le plus grand désir d'assister à mes travaux.

Jamais je ne me serais douté alors de l'importance et de la multiplicité des objets que j'allais exhumer.

Il est vrai que la fouille a été très pénible : nous avons remué plus de deux mille brouettées d'une terre, espèce de beton, qu'on était obligé de briser avec une barre de fer pesant près de vingt kilogrammes. Mes ouvriers ont cassé plusieurs manches de pioche, et c'est vraiment un miracle d'avoir trouvé tous nos objets à peu près entiers. Une tranchée, d'un mètre à un mètre vingt de profondeur, fut pratiquée d'abord en travers de l'entrée et nous démontra que plusieurs couches de nature diverse formaient le sol de la grotte. La première, de quinze à vingt centimètres d'épaisseur, se composait d'un terrain noirâtre et poudreux, sur lequel reposaient quelques blocs tombés de la voûte et une grande quantité de petites pierres roulantes apportées de l'extérieur (pl. IV, en B) ; elle ne contenait absolument rien ; il fut très facile de l'enlever, car elle était excessivement friable. Il n'en fut pas de même pour la seconde couche, composée d'un beton ou agrégation de calcaire blanc, lié d'une façon très tenace avec un argile jaune apporté sans doute par les inondations de la Gartempe (pl. IV, en E) ; la barre et la pioche en venaient difficilement à bout, et ce n'est qu'avec la plus grande peine qu'il était possible d'en extraire les couteaux, grattoirs, tarauds, scies, poinçons, râcloirs, etc., qui commençaient à apparaître en grand nombre dans la partie basse de cette seconde couche. Le sol de la grotte, en cet endroit, a dû être formé par une inondation terrible, car les parois de la caverne, usées et polies à ce niveau, restent rugueuses en dessous, et sa voûte présente une quantité de puits verticaux indiquant l'action érosive des eaux. J'ai lu, dans quelques ouvrages, que des personnes ayant fouillé des grottes préhistoriques en ont passé la terre au tamis : là, il eut été matériellement impossible de le faire, car, comme je l'ai dit, elle formait un beton d'une dureté incroyable et qui, lorsqu'on frappait dessus avec la pioche, se fendait inévitablement à l'endroit où se trouvait le silex ou l'ossement. Les objets y étaient heureusement entiers, car ils avaient dû acquérir peu à peu cette dureté, lorsque l'eau s'était retirée de la grotte (1).

Après avoir transporté dehors tous ces déblais, nous arrivâmes à une mince bande absolument noire, formée par des matières végétales en décomposition (pl. IV) : c'était la litière de fougère ou de feuilles sèches sur laquelle s'accroupissaient nos troglodytes. En y regardant attentivement, on pouvait encore constater des traces de linéaments de feuillage ; j'en ai conservé un échantillon. Ces sortes de terramare avaient à peine une épaisseur de trois à quatre centimètres ; mais, il serait impossible d'énumérer la masse d'objets de toute sorte, de toute nature, qui s'y trouvaient entassés : les couteaux de vingt centimètres de longueur y étaient couchés à côté de pointes de flèches minuscules d'un et deux centimètres ; les poinçons en os et en ivoire s'y mêlaient aux javelots en os fendus à la base, aux palettes en bois de renne, aux râcloirs de toute forme, aux scies en jaspe, aux tarauds en cornaline, aux nucléus et aux percuteurs en silex blond, noir ou vert ; tout cela entouré de milliers de petits éclats imperceptibles, qui rendaient leur extraction fort

(1) C'est ce qui explique aussi pourquoi les silex et ossements faisaient tellement corps avec la couche, qu'il était presque impossible de les extraire : autant cette couche avait été molle et humide, autant elle devint, par la suite, dure et sèche. Grâce à cette sécheresse du sol, les poinçons et ossements se sont très bien conservés. Au contraire, plus profondément sous le sable de l'époque moustérienne, où le sol était plus humide, quelques ossements se trouvaient complètement pourris et tombaient en poussière ; d'autres avaient assez résisté, mais ils étaient alors devenus noirs comme de l'ébène, probablement parce qu'ils gisaient dans une argile à base de manganèse.

pénible. Je me suis coupé deux fois dans la même journée, et même asse[z] profondément (1).

C'était un entassement inexplicable d'objets faisant tous partie de la périod[e] magdalénienne; et parmi tous ces silex, dont nous recueillions plus de troi[s] cents livres pesant, gisaient épars des ossements, des bois, des dents, de[s] mâchoires d'animaux énormes appartenant à toutes les espèces de la faun[e] préhistorique. J'ai constaté la présence du mammouth, du rhinocéros *tichorhinus* du lion des cavernes, de l'hyène, du *Cervus tarandus*, de l'*Elephas*, etc.

Enfin, pour clore la série de ces découvertes, nous exhumions du sol un[e] défense à peu près entière de mammouth, laquelle mesure dix-huit centimètre[s] de diamètre à sa racine et environ un mètre quarante-cinq centimètres d[e] longueur dans sa plus grande courbure, qui est bien plus prononcée qu[e] celle des défenses de l'éléphant moderne; il manque environ cinquant[e] centimètres à son extrémité la plus effilée. On peut juger, par ces dimensions quelles étaient celles de l'animal qui s'en servait. L'ivoire est presque rédui[t] à l'état d'amidon, par la suite des âges; il est blanc mat, et on distingu[e] encore parfaitement les moirures et le striage interlamillaire. J'ai constat[é] qu'il eut été impossible à l'éléphant de rentrer en vie dans la caverne; l[a] défense a été apportée par les troglodytes, qui avaient commencé à la débiter comme le prouvent les nombreux fragments d'ivoire travaillé recueillis dans l[a] grotte.

J'étais, à n'en pas douter, sur un gisement de l'époque de la Madelaine bien caractérisé par les couteaux et les objets en bois travaillé. Je commença[i] aussitôt par faire fouiller la grotte en entier, à cette profondeur; nous étion[s] guidés par une couche de sablon argileux, répandu à ce niveau sur tout[e] l'étendue du sol. Les objets ramassés dans cette première fouille sont donc bien tous de la même époque magdalénienne; je les ai groupés avec soin, e[t]

(1) La grande quantité de silex travaillés, entourés de ces milliers de petits éclats, me fait croire que cette grotte devait être un atelier de fabrication très important.

j'en donnerai plus loin la description (1). Ce sable avait dû être amené par l'inondation, car il était réparti d'une manière fort inégale (pl. VI, plan de la grotte) : il avait été aggloméré au milieu, au fond et sur le côté gauche de la grotte; il y en avait aussi à droite, mais une couche bien moins épaisse et à plus de profondeur. Ceci s'explique parfaitement, car, le courant de la Gartempe venant de la gauche, l'eau se précipitait sur la droite en tourbillonnant (en H, N, B et A), ce qui avait creusé le sol et rejeté la terre et les objets au milieu, au fond et sur la gauche. Aucun fragment n'était près des parois de la caverne; les plus rapprochés se trouvaient environ à soixante-dix centimètres : ils n'étaient pas non plus également répartis partout, ils se rencontraient par masses çà et là; j'ai ramassé douze couteaux de grande dimension et parfaitement conservés dans un espace d'à peu près trente-trois centimètres carrés. Par endroits, le rocher a été rongé, et toute la partie friable de la pierre enlevée. C'est à ce niveau que j'ai recueilli cette multitude d'instruments de toute sorte, tant en os qu'en silex, qui devaient constituer l'outillage complet de nos troglodytes magdaléniens : fort peu de gros instruments, peut-être les employaient-ils à l'extérieur; beaucoup de poinçons, de lances en os, de petites flèches en silex grossièrement fabriquées qu'ils cherchaient à façonner avec rapidité, car, passant leur vie à chasser, ils devaient en faire une fameuse consommation. Cependant, quelques-unes de leurs armes sont finies avec un soin minutieux: je veux parler de leurs pointes en os, fendues à la base; c'étaient leurs traits de prédilection, et ils ne devaient s'en servir que dans les grandes occasions, pour attendre les belles

(1) Voir, planche IV, coupe de la grotte de l'est à l'ouest, la nature du terrain.

B. Pierrailles et poussière; quinze à vingt centimètres.

E. Beton excessivement dur, terre jaunâtre très sèche et parfois couleur terre de Sienne brûlée; épaisseur, cinquante à soixante centimètres.

Ligne noire indiquant la couche de la Madelaine.

F. Couche de sable au-dessous de laquelle se trouvaient les pointes type du Moustier; épaisseur, vingt centimètres.

pièces. « S'il s'agissait de combattre le mammouth ou le grand lion des cavernes, — dit M. Broca dans sa conférence, — de pareilles armes ne vaudraient point la pointe du Moustier : mais les animaux dangereux sont devenus rares; la bête ne résiste plus à l'homme, elle fuit devant lui; pour l'atteindre, il faut des armes légères, il faut surtout des armes de trait. Si le renne évite la lance, le dard pourra l'atteindre. Mais le dard manquera son but, s'il est grossièrement travaillé; une pointe trop lourde, irrégulière, asymétrique, fera dévier le trait. C'est ce que nos troglodytes ont compris; s'ils donnent à leur pointe une forme élégante et régulière, ce n'est point l'idée artistique qui les guide, c'est seulement pour frapper plus juste, et ils n'ont garde de perdre leur temps à façonner leurs autres outils avec le même soin. »

C'est à cette profondeur que j'ai trouvé la défense du mammouth (plan de la grotte, en C); elle était entourée d'éclats de silex, et un très beau poinçon y était collé (je l'ai dessiné pl. VI *bis,* en I). J'avoue que cela m'étonna sur le moment, car je croyais que le mammouth n'existait pas à l'époque de la Madelaine. Depuis, j'ai vu avec plaisir que MM. J. Lubbok, Evans et Broca constataient que cet animal vivait à cette date, mais qu'il était fort rare. Voici, en effet, ce que dit M. Broca : « ... Leur principale occupation et leur ressource principale, c'était la chasse. Les débris d'ossements accumulés dans le sol de leurs cavernes prouvent qu'ils chassent des animaux de toute taille, depuis l'oiseau léger jusqu'au mammouth. Ce vieux géant des premiers temps quaternaires survivait encore, mais il était devenu bien rare. Longtemps on a cru qu'il s'était éteint vers le milieu de l'époque quaternaire, et lorsqu'on apprit que plusieurs dents de cet animal et diverses pièces d'ivoire travaillé avaient été trouvées dans les plus récentes stations troglodytiques de la Vézère, quelques personnes supposèrent que ces débris pouvaient provenir d'une époque antérieure; que l'homme avait pu, longtemps après l'extinction du mammouth, recueillir et exploiter l'ivoire fossile comme le font encore aujourd'hui les peuplades de Sibérie..... Le climat de nos contrées, à l'âge du renne, quoique froid encore, avait depuis longtemps cessé d'être glacial ; et quand même les hommes de ce temps-là auraient fouillé le sol, ce qu'ils y auraient trouvé aurait été impropre à la fabrication. Les mammouths, dont ils ont travaillé l'ivoire, étaient donc leurs contemporains. Nous en avons, d'ailleurs, une preuve décisive dans une plaque d'ivoire découverte en 1864 à la Madelaine, par MM. Ed. Lartet de Verneuil et Falconer. Sur cette plaque, un dessin gravé au trait représente le mammouth avec son crâne élevé, son front concave, ses grandes défenses recourbées, son petit œil, sa longue trompe, sa queue retroussée, enfin sa longue crinière, — tout à fait semblable, en un mot, aux mammouths en chair et en os qu'une gelée perpétuelle a conservés jusqu'à nos jours sur les bords de la Léna ..... »

La première partie de nos travaux accomplie, l'idée nous vint de percer cette couche de sable fin et tamisé comme s'il avait été passé à une claie très fine. Quelle ne fut pas notre surprise, après en avoir enlevé une épaisseur d'environ trente ou quarante centimètres, de tomber sur une superbe pointe du Moustier, qui reposait sur un terrain de même formation de calcaire et d'argile jaunâtre que celui contenant les objets de l'époque magdalénienne ; avec cette différence, toutefois, qu'ici la nature de l'agrégation était moins dure et la terre bien plus humide.

Nous avions donc sous le sable une autre couche habitée, toute différente de la première et qui venait de nous offrir un type tout nouveau : la Pointe du Moustier ! Cette belle lame, large comme la main, plano convexe, d'une conservation et d'un galbe remarquables, est le plus beau spécimen de la collection. (Pl. XXV. — Voir plus loin la description des planches.)

Cette pointe du Moustier, en silex noir, nous enflamma d'un nouveau zèle. Toute la couche sableuse fut enlevée, et cinquante et quelques pointes de même époque et de même fabrication vinrent nous prouver que la science paléolithique a déjà établi, sinon une chronologie, du moins des bases fixes pour les diverses périodes de l'habitation humaine dans les grottes. En effet, cette zone inférieure du sol, placée à deux mètres au-dessous du niveau actuel, ne contenait que des pointes de lances moustériennes, quelques grands éclats triangulaires fort coupants en forme de tranchets, de gros grattoirs demi-circulaires; pas un couteau, pas un poinçon, pas une flèche, pas un objet en bois travaillé ne s'y est rencontré.

Quelques-uns des ossements exhumés de ce sol avaient une patine noire et se délitaient à l'air, ce qui prouve une date d'enfouissement plus ancienne que la précédente.

J'ai constaté avec plaisir que, dans nos fouilles, tout s'accordait parfaitement avec les opinions émises par nos savants les plus distingués, MM. de Mortillet et Broca.

Je n'ai aperçu aucun débris de poisson ni d'oiseau: beaucoup de dents d'auroch et surtout de cheval, une mâchoire de rhinocéros *tichorhinus*, une canine ayant appartenu au lion des cavernes.

M. Broca a écrit les lignes suivantes sur l'époque des Moustiers; ne dirait-on pas que cet homme, si regretté du monde savant, aurait assisté à mes fouilles ? « Le véritable engin des troglodytes du Moustier, celui qui caractérise cette station et cette époque, c'est la pointe de lance ou d'épieu dite Pointe des Moustiers. Ce silex robuste, en pointe ogivale, tranchant sur ses deux bords, assez large pour faire de grandes blessures, assez mince pour pénétrer aisément dans les chairs, constituait une arme bien plus terrible que la hache de Saint-Acheul. Emmanché au bout d'un épieu, il pouvait mettre à mort les plus grands mammifères. Jusque-là, l'homme mal armé, aux prises avec les puissants animaux quaternaires, leur avait fait une guerre plutôt défensive qu'offensive; mais, désormais, il prend l'offensive, il ne les craint plus; sa lance à la main, il peut les attendre de pied ferme..... *La principale nourriture de l'homme, à cette époque, c'était le cheval, puis l'auroch.* Le matériel de chasse était fait pour attaquer l'ennemi qui résiste plutôt que le gibier qui fuit. On négligeait les armes de trait, qui atteignent les petits quadrupèdes et

; oiseaux. On négligeait aussi la pêche, et peut-être ne la connaissait-on s. *Il n'y a, dans les stations des Moustiers, aucun os d'oiseau, aucun os de isson.* Ces rudes chasseurs ne connaissaient que la grande lutte ; ils y pensaient toute leur énergie, toute leur intelligence. »

J'ai dit plus haut que je n'avais trouvé que des ossements séparés, tous isés pour en extraire la moelle : beaucoup appartenant à des animaux de très rte taille, tels que bison, auroch, mammouth, cheval, renne ; en général, us ces animaux très jeunes, comme le constate M. de Mortillet. Nos oglodytes savaient bien choisir ce qui était non-seulement plus délicat, ais aussi d'une attaque plus facile. Cependant je n'ai rencontré, je ne dirai s aucun de ces animaux, mais même aucune de leurs parties en son entier. oici ce que dit, à ce sujet, le docteur Broca : « Après la chasse, on venait re le repas dans la caverne..... Mais les grands animaux, tels que les chevaux les bœufs, étaient trop lourds pour y être transportés ; on les dépeçait sur ice, on emportait avec soi les membres et la tête, et on laissait la carcasse : le terrain. Voilà pourquoi on ne trouve, dans les restes des repas, esque aucun os du tronc des grands mammifères. » Évidemment il leur : été bien difficile de traîner un mammouth dans leur grotte, aussi ont-ils se le partager avec les habitants des cavernes environnantes ; peut-être utre défense se trouve-t-elle dans celles de la Tuilerie ou de Jutraut !

J'ai encore recueilli, à ce niveau, de gros marteaux usés et aplatis à l'une leurs extrémités ; de grands silex taillés en pointe, devant servir de ise-tête ; plusieurs ronds, comme des boules, réunis côte à côte. Aussi, mes vriers sont-ils persuadés qu'à cette époque on devait connaître ce jeu !....

John Lubbok croit que ces pierres servaient de pierre à chauffer. Les liens de l'Amérique du Nord, les Esquimaux et quelques autres sauvages connaissant pas la poterie et n'ayant que des vases en bois qu'ils ne uvent placer sur le feu, ont l'habitude de faire chauffer des pierres et de les .cer dans l'eau qu'ils veulent faire bouillir.

La seconde caverne étant déblayée à cette profondeur, c'est-à-dire jusqu deux mètres (fin du niveau moustérien), je fis faire, au centre, un tro d'un mètre cinquante, sans trouver le solide; plus nous descendions et plu grande était l'humidité ; ce n'était que de l'argile grasse très compacte, dar laquelle la sonde s'enfonçait indéfiniment. Jusqu'à nouvel ordre, je croi donc que le fond de la grotte n'est pas le rocher.

Au niveau supérieur, le sol contenait beaucoup de stalactites, qui auront ét détachées de la voûte à l'époque des alluvions quaternaires. Tous les débri et ossements renfermés dans la grotte des Cottés ont été apportés peu à pe par l'homme, et non par une catastrophe diluvienne.

Pas une seule aiguille à chas, pas une dent, pas un seul objet percé. Un multitude de poinçons; en l'absence d'aiguille, ils devaient servir à trouer le peaux et à passer le fil: la plus grande partie de ces poinçons se trouvaien au pied d'un petit rocher, sorte de siège naturel situé vers le fond de l caverne.

J'ai pu constater que les troglodytes de ces périodes ne connaissaien nullement la fabrication de la hache; pas le plus petit silex qui puisse e rappeler la forme n'a été trouvé, de même que pas un seul fragment de pierr polie, ni aucune trace d'emmanchement pour lances ou râcloirs. Comm MM. Lartet et Christy, j'ai recueilli des colonnettes d'os longues et étroites détachées d'un métacarpien de cheval. On voit parfaitement qu'elles ont ét sciées dans le sens de la longueur; elles étaient évidemment destinées à fair des poinçons, car l'une d'elles est ébauchée, mais elle n'a pas été terminée. Au reste, j'ai recueilli beaucoup d'autres instruments dégrossis, à coupures striées le tranchant qui les a faites devait être ébréché et dentelé : ces instrument étaient en bonne voie d'exécution, et cependant ils sont inachevés, comme s les habitants de cette caverne eussent été obligés de fuir subitement.

Je n'ai remarqué aucun reste de coprolithe. Cependant, M. de Mortillet a constaté, dans l'envoi que je lui ai fait, un fragment de coprolithe de hyène arrivé en poussière. Il pouvait donc y en avoir, mais en bien petite quantité.

Beaucoup d'ossements ont été rongés par la hyène; plusieurs ont dû être sucés, lorsqu'ils étaient encore frais.

Il est probable que cette grotte, hantée primitivement par les carnassiers qui venaient y dévorer leur proie, a été ensuite occupée par les races primitives, qui s'y établirent après en avoir chassé leurs terribles habitants; mais, à leur tour, ils furent expulsés par les alluvions quaternaires.

Nulle trace d'ossements humains; du reste, je crois qu'il n'en a été rencontré que fort rarement. — L'homme, voyant le danger imminent et craignant que sa retraite ne fût atteinte par les eaux, a dû nécessairement fuir vers les lieux plus élevés. Mais il devait périr, et ses restes ont été charriés et dispersés pour ne plus reparaître; car, à la surface du sol, tout organisme se décompose au lieu de se conserver.

Les ossements humains, recueillis dans les grottes, sont probablement ceux de gens malades qui n'ont pu fuir ou qui auront été surpris. Beaucoup de silex travaillés, ramassés dans la caverne, ne se trouvent pas dans le pays : plusieurs se rencontrent dans la Charente; il n'y avait donc pas une bien grande distance pour se les procurer, ou bien les rognons d'où ils ont été extraits avaient-ils été amenés par les eaux ?...

Une remarque intéressante, c'est que les instruments les plus jolis, ceux qui ont été retouchés de ces innombrables petits coups destinés à donner le tranchant et en même temps à perfectionner la forme, sont tous en matière de choix, telle que jaspe, calcédoine, cornaline, agate; toutes matières bien plus dures et résistantes que le silex ordinaire, mais aussi bien plus difficiles à faire éclater, surtout le jaspe brun et noir.

Le bruit de mes découvertes s'était promptement répandu dans les environs. J'eus toujours de nombreux visiteurs. La défense de mammouth fut exhumée le jeudi 14 octobre. Pour ne pas la détériorer, il fallut la dégager avec un ciseau à froid et un maillet : cette opération nous prit beaucoup de temps, et elle ne fut définitivement terminée qu'à neuf heures du soir. Il faisait, à ce moment, un orage terrible; plus de vingt personnes étaient réunies dans la grotte, éclairée par une dizaine de flambeaux : c'était magnifique et grandiose.

Les fouilles, commencées le 25 septembre 1880, avaient été continuées sans interruption jusqu'au 27 octobre de la même année. Notre travail principal était fini, la saison s'avançait, et un mois entier, passé à émietter les mottes de terre pour en vérifier le contenu, avait quelque peu émoussé notre ardeur. Nous savions, du reste, que les couloirs qui nous restent encore à explorer ne contiennent que peu ou point d'objets. Nous avons donc remis à l'année prochaine le déblaiement du couloir de gauche et de la longue galerie du fond, qui compléteront, avec une petite grotte située à quelques mètres plus haut, l'exhumation complète du mobilier préhistorique de la si curieuse caverne des Cottés. Cette petite caverne, murée d'énormes pierres, pourrait fort bien être un lieu de sépulture.....

. . . .

Après avoir emballé avec beaucoup de soin tous ces objets, je revins en Vendée, chargé des dépouilles opimes, au grand ébahissement des employés de la gare de Châtellerault, qui me prirent sans doute pour un voyageur en silex. Je vois encore la colère de l'un d'eux, à qui j'avais répondu que ma caisse contenait une dent de mammouth; il voulait, à toute force, me persuader que je me moquais de lui.

Je communiquai ma découverte à notre savant vendéen, M. Benjamin Fillon, lequel m'écrivait, le lendemain de ma visite :

La Court de Saint-Cyr, 7 décembre 1880.

Mon cher Raoul,

J'ai beaucoup réfléchi, depuis hier soir, à la découverte d'objets préhistoriques des bords de la Gartempe. Il est évident que cette trouvaille est des plus intéressantes; on peut la dater approximativement, à l'aide des ossements trouvés dans les couches. Il importe donc de les soumettre à un homme très compétent et de bien séparer les fragments recueillis dans chacune de ces couches....

J'attache d'autant plus de prix à ces constatations, qu'elles me serviront à déterminer l'âge des dépôts que je rencontre moi-même sur mon plateau.

B. FILLON.

Aussitôt j'adressais une caisse d'ossements à M. de Mortillet, l'éminent conservateur-adjoint du Musée de Saint-Germain, qu'une lettre de M. B. Fillon avait prévenu de mon envoi. (M. de Mortillet publie, en ce moment, un ouvrage indispensable à tous les amateurs du préhistorique. C'est un véritable musée mis à la disposition de tout le monde, un musée portatif, un musée de cabinet ; il contiendra plus de huit cents objets classés méthodiquement et embrassant le préhistorique entier, depuis le tertiaire jusqu'aux premiers temps du fer. Comme classification, il sera de la plus grande utilité aux collectionneurs pour arranger méthodiquement ce qu'ils possèdent.)

Voici la réponse que me fit M. de Mortillet :

Saint-Germain, 21 décembre 1880.

Monsieur,

Votre caisse est arrivée ce matin en bon état. J'ai de suite fait un triage de l'abondant contenu de ladite caisse.

Il y a énormément d'os cassés. A leur simple inspection, on peut reconnaître deux époques très distinctes : la grande majorité appartient à l'époque moustérienne, le reste à l'époque magdalénienne. Cette détermination correspond exactement à celle que vous avez si bien faite, à l'aide des silex. Seulement, je m'étonne que, dans votre lettre, vous disiez que les couches à silex moustériens étaient presque dépourvues d'os; pour moi, au contraire, la plupart des os sont moustériens. Mon opinion sur les os cassés est corroborée par la détermination des espèces animales.

Il y a, d'abord, une mâchoire de rhinocéros, qui ne peut être que moustérienne ; — le cheval domine ; — les bovidés, d'au moins deux espèces, viennent ensuite, encore très abondants ; — puis le renne, mais moins nombreux ; — enfin, l'hyène, — le mammouth, — et un rhinocéros.

Mammouth, grande partie du cheval et des bovidés et surtout le rhinocéros ont vécu à l'époque moustérienne. *Tous ces débris ont été apportés dans la grotte par l'homme.*

Puis, la grotte abandonnée, l'hyène en a fait son domicile et a rongé les os précédents.

Enfin, à l'époque magdalénienne, l'homme est revenu, mangeant surtout le renne.

Je vais déterminer tous vos os déterminables, puis je vous les retournerai.

La pointe moustérienne dont vous m'avez adressé le dessin est très caractérisée et d'un *magnifique travail.*

Les pointes en os, à base fendue, également dessinées, sont bien du même type que celles d'Aurignac ; elles caractérisent le commencement de l'époque magdalénienne.

Voilà, Monsieur, un premier et rapide aperçu sur votre envoi.

Veuillez agréer, etc.

G. DE MORTILLET.

De son côté, M. Fillon m'écrivait :

Montaigu, 24 décembre 1880.

Mon cher Raoul,

Je viens de recevoir une lettre de M. de Mortillet au sujet de la découverte de la grotte des Cottés. Voici la transcription des passages essentiels de sa lettre :

« Tous les ossements de cette grotte ont été *apportés,* je puis même ajouter, ont été *fracturés* par l'homme. Nous sommes là en présence de rebuts de nourriture; seulement ces os, ces rebuts, datent de deux époques bien distinctes. — La plus grande partie de ceux qui m'ont été envoyés appartiennent à l'époque *moustérienne.* Ce sont de nombreux ossements de chevaux et de grands bovidés, puis des débris de mammouth et de rhinocéros. Le mode de cassure des gros-os, réduits en esquilles plus ou moins aiguës, ne laissent aucun doute sur la détermination de l'époque. Ces esquilles ou éclats d'os sont aussi caractéristiques que les pointes de silex retaillées d'un seul côté. Le rhinocéros est également fort caractéristique, puisqu'il ne dépasse pas chez nous l'époque moustérienne. — La seconde époque, plus récente, et qui doit être par conséquent superposée (dans la grotte) à la première, est celle de la *Madeleine.* Le fossile caractéristique du magdalénien est le renne. On le trouve dans la grotte de la Gartempe; mais il n'est pas abondant.

» Entre ces deux époques où la grotte a été fréquentée par l'homme, la hyène est allée la visiter. Elle y a laissé quelques-uns de ces os, et surtout elle a imprimé la trace de ses dents sur de nombreux éclats de la période la plus ancienne. »

On ne saurait faire, en moins de mots, un historique plus précis de cette découverte. Partez donc de là, mon cher Raoul, pour classer les objets que vous avez exhumés, et donnez-nous un bon mémoire, accompagné de dessins exacts et d'un plan où les couches superposées seront nettement indiquées. C'est la chose essentielle.

Je vous engage beaucoup à continuer les fouilles des grottes des bords de la Gartempe. Il y a évidemment, sur ce point, des trouvailles sérieuses à faire.

Si vous avez besoin de mon intervention pour consulter tel ou tel de mes confrères sur les déterminations difficiles, je suis, vous le savez, tout à votre disposition.

Affectueuse poignée de main.

FILLON.

J'avais aussi envoyé à M. de Mortillet un projet de mémoire et quelque gravures destinées à l'illustrer. Voici ce qu'il me répondit :

Saint-Germain, 29 décembre 1880.

Monsieur,

J'ai reçu le petit rouleau contenant des eaux-fortes; elles son fort belles, tout à la fois charmantes et vigoureuses. Si vous le destinez à illustrer votre publication, votre mémoire sera tout à l fois une œuvre de science et d'art! Le feuilleton concernant vo très intéressantes fouilles se trouvait dans le rouleau. Le cadre es parfait; il me semble qu'il ne peut être meilleur.

La seule observation qui pourrait peut-être se faire, c'est qu vous ne donnez pas assez d'extension au Moustérien. Vos gravure abondent en documents; je ne crois pas qu'il soit utile d'e distinguer quelques-uns. C'est l'ensemble qui sera surtout concluant Les *beaux*, les *exceptionnels*, comme vos deux grandes pointes d Moustier, se remarqueront toujours.

J'ai un astragale, de la grosseur d'un astragale de cheval, qu m'intrigue beaucoup. Je le garderai peut-être plus longtemps que le reste. Pour le déterminer, il me faut aller au Jardin des Plantes

Votre tout dévoué confrère,

G. DE MORTILLET.

Enfin, en me renvoyant la caisse analysée, M. de Mortillet avait encore la complaisance de me donner ces quelques renseignements :

Saint-Germain, 15 janvier 1881.

Je fais remettre aujourd'hui au chemin de fer la caisse d'ossements que vous m'avez envoyée. Tout est rentré dans la caisse, sauf :

1° Trois os, entre autres un calcaneum que j'ai conservé pour le déterminer au museum : les termes de comparaison nécessaires me manquent à Saint-Germain;

2° Quelques esquilles d'os, que je garde, puisque vous voulez bien m'y autoriser, etc.

Bovidés.

De trois grandes tailles. Il y a probablement le *bos primigenius* ou *urus* et le bison *europœus* ou auroch.

Toutes les dents sont d'individus jeunes ou à peine adultes. (Suivait l'énumération).

Renne.

Les rennes trouvés dans la grotte variaient beaucoup de taille. La seconde phalange et l'astragale dénotent des individus très petits ; la phalange unguale et l'omoplate, des individus de grande taille.

Quant à la terre, elle contient des fragments de calcaire probablement détachés de la roche locale, mais profondément altérés.

Il y avait aussi un fragment de coprolithe de hyène, mais il est arrivé en poussière.

Les morceaux de minerais sont très probablement des pyrites décomposés ou autres minerais de fer. Pour donner une détermination certaine, il faudrait en faire l'analyse.

Votre tout dévoué,

G. DE MORTILLET.

Plusieurs savants illustres ont eu connaissance de ma découverte. Je crois être agréable à mes lecteurs, en publiant des extraits de leurs lettres :

Château de Saint-Germain-en-Laye, 1er décembre 1880.

Monsieur,

J'ai reçu votre très intéressante lettre, je vous en remercie. M'autorisez-vous à la publier, à titre de *nouvelle,* dans la *Revue archéologique?* Il y a longtemps que l'on n'a découvert une *caverne aussi intéressante.* Je ne crois pas qu'il y ait chance de trouver grand'chose dans les couloirs, qui ordinairement n'étaient pas habités. Je ne puis malheureusement pas aller visiter votre belle collection, mais je suivrai d'ici la continuation de vos fouilles avec le plus grand intérêt.

Recevez, Monsieur, avec mes nouveaux remercîments, l'assurance de mes sentiments les plus distingués.

Alexandre BERTRAND.

Toulouse.

Monsieur,

Ma chronique de la livraison de février mentionne cette découverte.

La grotte que vous avez eu la bonne fortune d'explorer est semblable par son mobilier à tant d'autres de l'âge du renne, que nous avons dans le centre ouest de la France ou dans les Pyrénées.

L'objet fendu à la base est assez commun, mais on n'est pas bien fixé sur son emploi; je voudrais bien publier dans les matériaux *l'os avec dessin*, pour cela il me faudrait une photographie.

Je suis surpris que vous n'ayez pas rencontré de harpons barbelés.

L'étude complète de la faune des deux couches comparées sera fort précieuse.

Quand vous aurez classé toutes vos richesses, vous aurez un joli travail à publier; selon sa longueur et selon les dessins que vous désirerez voir reproduits, je vous offrirai l'hospitalité de ma revue.

Dans tous les cas, je reproduirai par extraits ou par résumés tout ce que vous publierez.

Croyez-moi, Monsieur, votre bien dévoué confrère,

E. CARTAILHAC.

24 décembre 1880.

Je vous suis très obligé de m'avoir communiqué la lettre de M. de Rochebrune avec l'extrait de journal (1).

La grotte est d'un grand intérêt, surtout contenant des reliques *(sic)* de deux périodes différentes, apparemment de l'âge du Moustier et de Cro Magnon. — Cette découverte pourrait bien avoir tendance à prouver qu'après tout la Laugerie haute est postérieure à Aurignac.

Quand M. de Rochebrune recommencera ses fouilles, je crois qu'il ferait bien d'inviter M. Louis Lartet, de Toulouse, à visiter l'endroit.

Si je me trouvais dans le midi de la France, je serais heureux de voir la caverne moi-même.

John EVANS.

Londres, 13 janvier 1881.

La caverne est très intéressante, et il me semble qu'elle a été fouillée avec soin.

Désirez-vous que je vous renvoie la lettre ? Si non, M. Franks (British museum) voudrait la garder.

Une chose paraît être démontrée, par l'ordre des dépôts des diverses couches d'outils en silex : que les types de Solutré sont plus anciens que ceux d'Aurignac. Ceci est un point de grande importance, car on discutait encore lequel des deux était le plus ancien.

W. GREENWELL (2).

(1) M. Seidler, l'un des amateurs distingués de Nantes, a bien voulu me servir d'interprète près de MM. Evans, Greenwell et Lukis, et me communiquer la traduction d'extraits de leurs lettres. M. Seidler a su réunir, avec beaucoup de mérite, une magnifique collection de silex, composée en majeure partie de superbes pièces du Danemark.

(2) M. le chanoine Greenwell a publié un volume fort intéressant sur ses nombreuses fouilles en Angleterre.

Wath Rectory, 7 janvier 1881.

Votre communication est des plus intéressantes. Pensez-vous que j'ose en faire un article pour l'*Antiquary* ou pour un autre journal ?

La découverte est de si *grande importance et d'un intérêt si capital* (intensely), que je désire savoir jusqu'à quel point je puis faire usage de cette information.

W. C. LUKIS.

IV

INVENTAIRE DES OSSEMENTS

Une grande quantité d'ossements brisés de ruminants n'ont pu être déterminés (1). Ces ossements se trouvaient dans un état de conservation présentant des différences bien tranchées. Les uns étaient d'un blanc mat, s'effritant sous les doigts, happant fortement à la langue. D'autres, encore très solides, n'avaient perdu qu'une partie de leur gélatine et étaient de couleur jaunâtre, comme des os plus récents. Enfin, il y en avait une certaine quantité ayant revêtu une très belle patine noire, grâce à leur long gisement dans un terrain à base de manganèse. Ces ossements formaient une masse d'à peu près cent kilogrammes.

I. Elephas primigenius *(Mammouth)* (2).

1. Nombreux petits fragments d'ivoire de défense.
2. Ivoire montrant le striage interlamellaire.
3. Deux fragments d'ivoire rongés.
4. Deux fragments de molaires et une molaire; très jeune individu.
5. Fragments de côte.

(1) Dans les gisements tertiaires, où l'homme n'existe pas, on ne rencontre pas cette multitude d'os cassés.

(2) Ces ossements ont été déterminés par M. de Mortillet.

6. Partie centrale interdentaire du maxillaire inférieur d'un jeune individu (intéressante pièce).
7. Côté gauche du maxillaire inférieur d'un jeune individu.
8. Une défense de mammouth.

II. Rhinocéros tichorhynus.

1. Demi-maxillaire inférieur, avec dentition naissante; tout jeune individu (pièce des plus intéressantes).
2. Molaire inférieure.
3. Plusieurs fragments de côtes.

III. Equus caballus (*Cheval*)

De forte taille, presque pas de vieux.

1. Cent quatre-vingt-seize molaires supérieures.
2. Cent cinq molaires inférieures.
3. Soixante-dix-huit incisives.
4. Six canines.
5. Douze dents de devant.
6. Sept omoplates.
7. Deux fragments de mâchoire avec dents.
8. Deux canons.
9. Une vertèbre du cou.
10. Trois bases d'humérus.
11. Un sabot, etc., etc.

IV. Bovidés.

De très grande taille. Il y a peut-être le *Bos primigenius* ou *Urus* et le Bison *europæus* ou auroch. La plupart des ossements se rapportent à l'auroch. Toutes les dents sont d'individus jeunes ou à peine adultes.

1. Cent trente-deux molaires et prémolaires supérieures.
2. Quatre-vingt-douze molaires et prémolaires inférieures.
3. Cinquante incisives.
4. Fragment de mandibule inférieure. — Deuxième et troisième molaires.
5. Fragment de mandibule inférieure.
6. Quatre grosses vertèbres.
7. Astragale.
8. Axis.
9. Grosse vertèbre dorsale. Cette vertèbre est longue de dix centimètres et demi, et elle a comme largeur transverse dix-huit centimètres.
10. Quatre calcaneums.
11. Trois vertèbres, deux apophyses épineuses de vertèbre dorsale.
19. Deux fragments d'os iliaque.
20. Un sommet de radius. — Une base de tibia.
21. Cinq fragments de canons, base et sommet. Quelques-uns de ces canons ont neuf centimètres et demi de largeur à leur base; ils devaient appartenir à des bovidés énormes.
22. Fémur ayant douze centimètres de largeur à l'une de ses extrémités.
24. Cinq petites phalanges ou phalange médiane.
25. Deux phalanges unguales.

V. Felis spelæa (*Lion*).

De très grande taille, plus fort que les lions actuels.

1. Canine énorme, bien caractérisée par les sillons du genre *felis*. Elle mesure douze centimètres de longueur et a trois centimètres et demi de largeur.
2. Partie inférieure d'humérus.
3. Canon de *Felis spelæa*.

VI. Cervus elaphus (*Cerf commun*).

Très peu abondant dans la grotte. Il se reconnaît facilement du *Cervus tarandus* (Renne) par ses bois qui sont creusés de rayures, alors que ce dernier les a unis. Ses dents ont aussi le tubercule interlobaire très fort, et le croissant antérieur interne plus fermé que dans le *Tarandus*.

Base de bois. Variété à couronne très peu développée.

VII. Cervus tarandus (*Renne*).

Les rennes trouvés dans la grotte des Cottés variaient beaucoup de taille : les secondes phalanges et l'astragale dénotent des individus très petits ; les phalanges unguales, les canons et la base d'omoplate, des individus de grande taille.

1. Cinquante fragments de bois, parmi lesquels de très jeunes. A plusieurs de ces jeunes bois, une portion du crâne est adhérente, ce qui prouve que ces animaux ne les ont perdus qu'avec la vie. Il est curieux de remarquer que presque tous les jeunes bois présentent cette particularité, tandis que les vieux sont tombés naturellement du vivant de l'animal. Ils ont dû être ramassés au dehors et apportés dans la grotte. Les jeunes rennes étaient évidemment plus faciles à atteindre et offraient une nourriture plus délicate. Quelques-unes de ces petites cornes n'ont pas plus de douze à vingt-deux centimètres de longueur et un centimètre d'épaisseur. En Norwège, on peut constater que les rennes âgés de deux ou trois semaines ont ces cornillons plus ou moins gros, suivant le sexe. Au mois de novembre, lorsque le velours tombe, elles mesurent déjà douze ou quinze centimètres. La plus grande partie de ces petites cornes, recueillies dans la grotte, appartiennent à des animaux d'un an.
2. Vingt fragments de gros bois de renne, quelques-uns de très grandes dimensions, à peu près tous tombés du vivant de l'animal.

3. Grosse vertèbre du cou.
4. Un maxillaire inférieur, deux montants de maxillaire inférieur.
5. Séries de dents de maxillaires inférieurs.
6. Canines de *Tarandus*.
7. Dix incisives et cinquante molaires supérieures et inférieures.
8. Soixante dents variées.
9. Douze fragments supérieurs et moyens de métatarsiens.
10. Six bases de métacarpiens.
11. Base de tibia, deux canons.
12. Cinq bases d'omoplate, deux vertèbres.
13. Une première phalange, quatre secondes phalanges ou moyennes, cinq phalanges unguales ou troisièmes phalanges.
14. Deux astragales.

VIII. Sus ferus (*Sanglier*).

Un sommet de cubitus. Je n'ai recueilli que ce seul fragment, ce qui orrobore parfaitement la rareté de cet animal dans les terrains de l'âge du iammouth.

IX. Hyena spelæa (*Hyène*).

Une multitude de dents; ce n'est pas étonnant, lorsque l'on considère la uantité d'os rongés.

J'ai recueilli toute la série des dents renfermées dans la mâchoire d'une yène : canine, première prémolaire, deuxième prémolaire, troisième prémolaire, uatrième prémolaire, carnassière, supérieure, inférieure, incisive, etc.

1. Fragment de mâchoire inférieure de hyène.
2. Cinquante canines, six incisives, cinquante molaires supérieures et inférieures; quelques-unes très usées, d'autres provenant d'animaux très jeunes.

3. Deux métacarpiens ou tarsiens.

4. Soixante fragments d'os rongés par la hyène.

X. Canis lupus (*Loup*).

1. Un fragment de mâchoire inférieure.
2. Sept canines, dix molaires.
3. Quatre métacarpiens ou tarsiens.

XI. Canis vulpes (*Renard*).

1. Un métacarpien ou tarsien.
2. Une base de fémur.

XII. Carnassier de la taille de la marte.

Deux canines.

XIII. Rongeurs.

Plusieurs ossements portent la trace de dents de tout petits rongeurs.

DESCRIPTION DES OBJETS GRAVÉS

PLANCHES I, II, III ET IV.

.es planches I, II, III et IV, reproduisant les vues intérieures et extérieures de la grotte, ont décrites dans le texte; nous n'avons pas à y revenir.

PLANCHE V.

'ous les objets de cette planche sont dessinés demi-grandeur.

Gros poinçon en os de renne.

Palette en os très polie et très régulière; la pointe est usée. Cet objet a pu servir de lance ou de pointe de flèche; la base n'existe plus, elle était probablement fendue pour recevoir l'emmanchement. Ce même type lancéolé a été trouvé en 1860, à la sépulture d'Aurignac.

Objet en os grossièrement travaillé et simplement ébauché; la forme est originale.

Os de renne destiné à faire un instrument; on voit les traces laissées par une scie qui devait être fort grossière; les coupures sont striées comme si le tranchant qui les a faites était dentelé et inégal.

Grande palette en bois de renne, remarquable par sa longueur et par la façon dont ses bords ont été usés et polis. Lorsque je l'ai dessinée, je n'avais pu la reconstituer dans son entier; elle mesure trente centimètres de longueur et deux centimètres et demi de largeur. — Ces grandes palettes en os, arrondies à l'une de leurs extrémités, devaient servir à lever la peau des animaux.

M' et N — Deux extrémités de harpons en os.

O — Côte de *Canis vulpes,* percée d'une flèche en silex; la pointe est restée adhérente à l'os.

X — Petite boîte faite de la base d'un ossement à parois fort minces; elle contient une matière rouge colorante. — M. Brouillet, dans ses fouilles des grottes du Chaffaud, a trouvé un objet exactement semblable contenant de l'oxyde de fer. — Des os, renfermant une matière rouge ayant pu servir à tatouer, ont été aussi trouvés dans la grotte de Rochefort (Mayenne) par Mlle de Boxbert et M. de la Poëze. — Enfin, M. de Mortillet, dans ses *Promenades au Musée de Saint-Germain,* dit à la page 119, à propos de la grotte de Comba-Nigra, commune de Brives : « On y voit un morceau de minerai de fer hydroxydé ou sanguine. Ce minerai pulvérisé donne une belle couleur rouge; il a été très probablement recherché par les hommes des cavernes pour peindre et tatouer la figure et le corps, ainsi que le font encore les sauvages actuels, qui parfois se servent de la même matière. »

U — Os travaillé en forme de flèche.

T — Pointe de flèche en os.

S — Os taillé en biseau.

PLANCHE VI.

La planche VI a été également décrite dans le texte.

PLANCHE VI *bis.*

Cette planche contient quelques spécimens de poinçons et de flèches fendues à la base; la plupart sont faits d'os de renne très compacts et très aigus; en l'absence d'aiguille, ils servaient à percer des trous et à passer le fil. Quelques-uns sont des cornillons de bois de cerf simplement apointés.

Ils sont tous gravés à demi-grandeur; celui dessiné en O est couvert de petites raies parallèles, peut-être comme ornementation ou pour mieux le tenir dans la main. Je ne décrirai que les plus remarquables.

A — Belle pointe de flèche, type caractéristique d'Aurignac, selon M. de Mortillet; je l'ai cependant trouvée à la couche des poinçons et des couteaux, qui dénotent l'époque magdalénienne. Cette pointe est d'une fabrication remarquable et très polie; la base va en se rétrécissant légèrement; elle est rugueuse, pour permettre à la lanière de ne pas glisser et en même temps de ne pas former un trop gros bourrelet; elle a cent quarante-deux millimètres de longueur et quatorze millimètres de largeur. Huit pointes semblables ont été recueillies dans la grotte; elles étaient toutes groupées dans un espace d'environ un mètre carré.

I Poinçon de forme originale; il est très poli, mais il est formé de ressauts et ne va pas en s'amincissant graduellement; c'est le seul que j'aie trouvé de cette forme, il était collé à la défense de mammouth.

N Ce poinçon a été fait d'un autre instrument, qui s'était sans doute brisé; l'extrémité demi-ronde et plate ferait songer à une spatule ou palette.

T T' Deux poinçons remarquablement pointus; l'un d'eux a une base plate et large qui devait en faciliter le maniement.

V Instrument en os; l'une de ses extrémités est plate et creuse; on dirait un cure-oreille.

I' Poinçon ressemblant à une aiguille, mais il n'est pas percé à sa base; il est entier.

PLANCHE VII.

A Défense de mammouth. — J'en ai déjà donné les dimensions.

B Os avec dessin. — Demi-grandeur.

H H' Ossements taillés en forme de palettes. — Dessin demi-grandeur.

O O Flèches barbelées, pouvant servir de harpons. — Dessin demi-grandeur.

U Petite navette. — Dessin demi-grandeur.

X Extrémité de bois de renne. — Dessin demi-grandeur.

T Sabot de bœuf. — Dessin au sixième.

T Sabots de renne. — Dessin au quart nature.

V Cornillon de renne; on y voit des traces de sciure.

M Instrument en os très fini. Il a dû être beaucoup porté, car il est remarquablement poli. La partie coupante, qui lui donnerait l'aspect d'un petit hachereau, est couverte de sept raies droites parallèles. A la base, la section est faite à grands coups d'un instrument tranchant fort grossier; le travail a dû être pénible, car, après ces premières encoches très irrégulières, l'objet a été brisé à la main.

V' — Bois de renne, scié intentionnellement pour en retirer soit des poinçons, soit des poignards, des flèches ou des aiguilles. — Le dessin ne peut pas malheureusement reproduire l'intérêt de ces objets.

PLANCHE VIII.

Tous les objets de cette planche sont dessinés demi-grandeur.

B — Os gravé : on y voit deux renards; la surface de l'os est très dépolie et rugueuse.

A — Os taillé grossièrement en forme de tête de chien.

I' — Os représentant une tête de bœuf.

I — Os couvert de rayures formant dessin.

H — Os percé.

M M' — Ossements couverts de rayures.

O — Os de côte brisé, couvert de rayures par groupes de trois, deux et cinq. On dirait une coche de boulanger.

U U' X X' — Petites pointes très fines et acérées.

V et U — Pointes de flèches en os.

T — Hameçon. On voit très distinctement le creux formé pour retenir la lanière.

S. S. — Ossements taillés en forme de navette.

PLANCHE IX.

J'ai dessiné, sur cette planche, les principales variétés de pointes de flèche en silex recueillies dans la grotte. — Toutes sont représentées demi-nature.

A — Ce silex est admirablement travaillé : remarquable par sa base en forme de biseau, tandis que la pointe est très renforcée.

O — Les bords de cette flèche sont découpés en forme de scie, probablement pour faire une blessure plus terrible.

U V — Types de flèches en silex, à encoche, pour retenir plus sûrement la lanière et l'empêcher de glisser. Type fort rare; je ne l'ai vu dans aucune collection.

H — Cette flèche, très acérée à sa base, fort amincie par de nombreuses retouches, est remarquablement travaillée.

PLANCHE X.

Variété de dents trouvées dans la grotte.

H' Fragments de mâchoire d'*Equus caballus*. — Ces fragments sont dessinés un tiers nature.

Mandibule de *Hyena spelæa,* vue sur la face externe; on peut remarquer le trou mentonnier, la canine; pas de trace de première prémolaire, mais la seconde, la troisième, la quatrième prémolaire, et enfin la carnassière. — Demi-nature.

Fragment de mâchoire d'auroch. — Un tiers nature.

Fragment de mâchoire de renne. — Un tiers nature.

Dent non classée. — Demi-nature.

Dent non classée. — Demi-nature.

Dent de rhinocéros *tichorhinus*. — Demi-nature.

A' Dents de mammouth. — Un quart nature.

Carnassière supérieure de *Hyena spelæa.*

Carnassière inférieure (*id*).

Dernière prémolaire supérieure (*id*).

Incisive (*id*).

Canine supérieure (*id*).

M' Canines de *Canis vulpes*.

Molaires de grand cerf.

Incisives de bovidés.

U Incisives de chevaux.

S Dents de renne.

Dents de moutons.

Canine de renne.

Griffe de hyène.

Canine supérieure de *Felis leo* (race *spelæa*). — Elle est de dimension énorme et mesure douze centimètres de longueur sur trois centimètres et demi de diamètre.

On peut juger, par là, de la taille du carnassier à qui cette canine a appartenu.

PLANCHE XI.

B' Gros marteau en silex noir, très usé sur plusieurs de ses faces, qui sont toutes étoilées par les nombreux coups qu'elles ont dû donner. — Un quart nature.

B Silex plat, usé vers son milieu, ayant dû servir à écraser des grains ou à aiguiser. — Un quart nature.

J'ai aussi recueilli, dans la grotte, une très jolie petite pierre polie, très fine de grain.

A Gros marteau rond, usé à plat sur l'une de ses extrémités; il est en granit rosé et pèse deux kilogrammes. On voit parfaitement, sur les côtes, l'usure produite par un long frottement de la main. — John Evans, dans ses *Ages de la pierre*, page 241, en dessine un semblable trouvé à Bridlington. — Un quart nature.

M Espèce de polissoir ou de pierre à aiguiser, en silex noir. — Demi-nature.

H Petit pilon à broyer, affectant la forme d'une petite massue ayant dix centimètres de longueur. — John Evans en donne un semblable trouvé dans l'île de Holyhead.

I Très belle lance, type chéleen ; elle ne provient pas de la grotte : je l'ai dessinée, parce qu'elle a été trouvée dans les terres directement en dessus. Au reste, avec la petite hache dessinée en S, remarquable par la jolie matière dans laquelle elle a été prise, ce sont les deux seuls objets qui ne proviennent pas de la grotte.

Cette belle pointe, remarquablement travaillée, a quatorze centimètres de longueur et neuf et demi de largeur.

T Pièce en silex, des plus curieuses; elle est taillée de façon à être bien tenue à la main; le tranchant circulaire a été obtenu par des retouches. — Cet énorme casse-tête a seize centimètres de longueur et dix centimètres et demi dans sa plus grande largeur.

Cet instrument ressemble à une espèce de hachereau; il pouvait servir à briser les os à moelle.

U O N Trois énormes casse-tête, retouchés à la pointe et arrondis à leur base, de façon à ne pas blesser la main. — Un tiers nature.

PLANCHE XII.

Tous les objets sont dessinés demi-grandeur, et ont été trouvés à la couche magdalénienne.

A. Grande lame de silex, très recourbée.

B Joli instrument en silex noir, très retouché à l'une de ses extrémités qui est recourbée et devait servir de râcloir. Le côté gauche est retouché de petits coups, pour en faire une scie.

D Beau grattoir, pouvant servir de scie ; il est retouché sur tous ses côtés.

E Grand couteau en jaspe noir, très coupant ; il est terminé par une espèce de manche qui en facilitait le maniement.

Bel instrument en silex noir, admirablement retouché sur son pourtour, comme l'indique le dessin. La forme en est très remarquable et fort rare.

M Grattoir à un bout en silex jaune. J'en ai recueilli près de cinquante à soixante de cette forme, tous en silex différents.

N Grand taraud en silex brun. La base était très renforcée et facile à tenir à la main.

O. Lame de silex marron, taillée en forme de couteau. Ses bords sont fort coupants.

S Grand taraud en silex noir, fort pointu. Les bords sont très coupants.

T. U. X. V. Jolis grattoirs ou scies en silex variés, très finis et admirablement retouchés. J'en ai recueilli une trentaine.

PLANCHE XIII.

Tous les objets sont dessinés grandeur nature, et ont été trouvés au niveau magdalénien.

A Grattoir ou scie en silex jaune, remarquable par sa fabrication et la régularité de sa forme. — Je crois que, dans les cavernes, on n'en a pas encore recueilli d'aussi beau.

B Petit instrument en silex noir, admirablement travaillé. J'ai dessiné en B' la pointe la plus retouchée et qui est légèrement recourbée, comme on peut le voir. Elle a été rétrécie intentionnellement pour pouvoir pénétrer dans une partie étroite, peut-être aussi pour retirer la moelle des osseménts fendus. J'en possède une série de toute grosseur, depuis trois et quatre millimètres de largeur jusqu'à cinq centimètres.

Petit couteau en jaspe jaune, remarquablement travaillé; il est courbe dans sa longueur, comme cela arrive presque toujours chez les éclats de silex. Il se termine en pointe, à chaque extrémité; cependant, la pointe qui occupe la place de la crosse de l'éclat est un peu plus arrondie que l'autre. On a quelquefois regardé ces instruments comme des poignards, mais il est probable qu'ils servaient à une foule d'usages. — Je n'ai trouvé qu'un autre petit couteau en jaspe jaune également : ce sont de véritables bijoux.

M — Grattoir retouché à ses deux extrémités, remarquable par sa petitesse. — Il est dessiné grandeur naturelle.

U — Autre grattoir en silex jaune translucide, très bien retouché.

T — Autre grattoir couvert de retouches très fines; il est aussi en silex jaune translucide.

S. Q M et N' — Petites pointes en silex, d'une finesse remarquable. Elles sont fort régulières et parfaitement terminées; la plus petite n'a que deux centimètres de long et six millimètres de large. Ces pointes sont aussi minces que des lames de canif; elles devaient servir à façonner les aiguilles et à fendre les flèches pour y encastrer la monture.

PLANCHE XIV.

Les objets, représentés sur cette planche, sont gravés grandeur nature, et ont tous été trouvés au niveau magdalénien.

A — Grand couteau en silex noir, très régulier de forme et à bords très coupants. — J'en ai à peu près une vingtaine de cette taille.

B — Grande lame de silex noir, très délicatement retouchée sur ses côtés.

H — Très beau poignard en calcédoine. Cette pièce est remarquablement travaillée et fort épaisse (treize millimètres), tandis que les lames de couteau ont en général cinq millimètres.

D — Grand poignard terminé, comme le précédent, par une pointe très acérée. — J'en ai recueilli sept ou huit de cette forme.

M N V. — Grattoirs de formes variées; celui dessiné en V est très retouché et possède une encoche pour le fixer à un manche.

PLANCHE XV.

Tous les objets de cette planche sont dessinés demi-grandeur, et ont été trouvés au niveau magdalénien.

A Enorme lance de silex, retouchée en demi-cercle au centre de l'un de ses taillants, probablement pour râcler un objet rond assez gros, tandis que le silex dessiné en M servait pour un moins gros, et enfin celui dessiné pl. XVIII, en N, pour un très petit. Peut-être ces retouches servaient-elles à en faire une scie.

B Très beau couteau en silex noir. — Il a vingt-deux centimètres de longueur.

D Grande lance de silex jaune, très mince et fort compacte, terminée à son extrémité supérieure en forme d'une gouje dentelée.

H Très beau poignard ou couteau en silex brun. — Ses bords sont finement retouchés.

Autre belle lance en silex noir, également très retouchée.

M Belle pièce en silex jaune, avec deux de ses côtés taillés en arc de cercle de différente dimension. Ses parties rondes sont d'une régularité parfaite, et comme j'en ai trouvé de nombreux spécimens de toute taille, je croirais qu'ils devaient servir à arrondir des parties plates. Le bout, très retouché, devait servir de grattoir.

N Couteau en silex jaune, à pointe très caractérisée.

O Gros grattoir en silex noir, d'une forme très régulière. La surface en est polie par un long usage.

P Grande palette en silex noir.

U Grand couteau en silex jaune, retouché à son extrémité. La base est terminée par une petite queue formant poinçon.

V Couteau en silex brun, remarquable par sa largeur.

PLANCHE XVI.

Variétés de tarauds magdaléniens recueillis dans la grotte des Cottés. Tous ces tarauds sont dessinés demi-grandeur.

A B H M N N' O O' } Tarauds remarquables par leur conservation.

U Tarauds à base très large pouvant servir de manche. Ces forets permettaient de creuser un trou fort régulier, soit en les tournant continuellement dans la même direction, soit en leur imprimant un mouvement de rotation alterne ; ils agissent, en effet, comme une mèche demi-ronde, et l'ouverture du trou s'élargit à mesure qu'il devient plus profond. La pointe de quelques-uns est très mince et plate, aussi acérée qu'une lancette ; peut-être s'en servait-on pour se saigner ou se tatouer.

X Taraud consistant simplement en un éclat long, étroit et pointu, dont la pointe a été taillée de chaque côté, de manière à former un bord coupant. Peut-être cet outil était-il fixé à un manche en bois, mais je crois que tous ces forets étaient employés à la main, de la même façon qu'une vrille.

PLANCHE XVII.

Tarauds et scies de l'époque magdalénienne, dessinés demi-grandeur.

Outre les éclats de silex que l'on peut considérer comme ayant servi d'outils destinés à couper, à râcler ou à percer, il en est d'autres que l'on peut considérer, à juste titre, comme des scies. Le bord de ces derniers a été, en effet, dentelé régulièrement et avec intention, sans que la forme de l'éclat ait d'ailleurs subi aucune autre modification. Ces dents sont, en général, fort grossières; toutefois, quelques-unes de ces scies en ont de si petites, qu'on ne peut les découvrir sans beaucoup d'attention. — Ces instruments se trouvent en assez grand nombre dans les cavernes de la période du renne; cependant, dans celles de la Dordogne, on n'en a pas recueilli.

A Taraud ayant le côté droit dentelé, vers sa base.

B B' D (E) Autres scies en silex jaune, brun et noir.

U U' V V' X Petits grattoirs ronds, remarquables par leur exiguité.

PLANCHE XVIII.

Excepté les deux objets X et X', tous les autres ont été recueillis au niveau magdalénien. — Tous ces silex sont dessinés demi-grandeur.

I Lame de silex brun, à manche; les bords sont coupants et très finement retouchés.

Instrument en silex noir, à base également large et aplatie, pouvant servir de manche ; son extrémité est taillée en biseau et est fort coupante.

I' Grande lame de silex, très recourbée et de forme régulière.

Très bel instrument en silex brun, à rayures. Les bords en sont très retouchés et affectent la forme d'une lance; mais son extrémité, retouchée par un arrondi, prouve que ce n'était pas sa destination. Sa base, très rétrécie, devait probablement s'adapter à un manche.

B' Deux très jolis instruments en jaspe laiteux. Leurs extrémités, retouchées, me feraient croire que ce devaient être des grattoirs. En X, ils ont été encochés d'une façon remarquable et très régulière; les encoches devaient servir à retenir la ligature. Ces sortes de silex sont rares, surtout les silex possédant des encoches aussi régulièrement faites que celles reproduites sur la pl. XVIII. — Les premières épées de bronze possèdent, à la base de leurs lames où s'adaptait le manche, des encoches de même nature. J'en possède un très bel échantillon, dragué dans la Loire, vis-à-vis le château de Nantes.

U U' U''' Scies en silex, de formes variées.

D' Lames triangulaires en silex noir, avec leur extrémité taillée en biseau ; on dirait des ciseaux à froid.

M N Beaux échantillons de grattoirs avec encoches.

Base d'un foret, malheureusement brisé, qui devait être d'une grande finesse.

Taraud en silex noir, trapu et fort acéré.

X' Deux tranchets en silex noir, trouvés au niveau inférieur des Moustiers. — Le tranchant en est très vif.

PLANCHE XIX.

Grattoirs du niveau magdalénien. — Dessinés demi-grandeur.

Les grattoirs dominaient dans la grotte des Cottés. J'en ai recueilli une quantité énorme, de ıte grandeur et de toute variété : forme fer à cheval, cerf-volant, discoïde, bec de canard, ıttoirs à deux bouts, grattoirs à tige, en forme de cuiller, etc.

Les grattoirs sont de larges éclats de silex, dont la pointe a été transformée en une extrémité ni-circulaire, taillée en biseau du côté intérieur, et ressemblant au ciseau rond du tourneur. ıelquefois, l'extrémité inférieure était amincie pour recevoir un manche.

Ce terme de grattoir a été choisi par M. Lartet, à cause de la ressemblance de cet instrument avec un outil dont se servent les Esquimaux pour gratter les peaux et pour quelques autres usages. Le manche des grattoirs esquimaux est quelquefois en bois, et porte souvent des entailles destinées à recevoir les extrémités des doigts et du pouce, de manière qu'on puisse tenir l'outil solidement.

Ces instruments servent, dit-on, à râcler les peaux, usage pour lequel ils paraissent très propres, si l'on pose verticalement sur la peau la face plate de la pierre. Toutefois, les manches sont mieux adaptés pour pousser les grattoirs en avant sur une surface plane, et, à en juger par l'usure des manches, on doit les employer de cette façon. « Sir Edward Belcher, — dit M. John Evans dans ses *Ages de la pierre*, — les appelle des rabots, et il m'a affirmé que les Esquimaux s'en servent pour fabriquer leurs arcs et d'autres objets en bois. »

Les Pennacooks de l'Amérique septentrionale se servaient d'un grattoir à bords droits pour râcler les peaux; et bien que, chez les Esquimaux, quelques-uns de ces outils aient pu être employés comme des rabots, il est certain que beaucoup ont servi à la préparation des peaux.

A — Grattoir ordinaire à un bout.

B — Grattoir en beau silex noir veiné; son extrémité inférieure est taillée en biseau pour recevoir un manche; on peut voir, par le profil, que le manche devait s'arrêter en O. Cette saillie, savamment ménagée, empêchait le bois ou la corne de se fendre.

D — Très beau grattoir en silex noir, à bec rétréci; il devait être aussi destiné à être emmanché, comme on peut le voir par le profil.

J'ai recueilli une variété de ces grattoirs à bec rétréci, de toute grosseur, comme on peut s'en rendre compte en examinant les dessins en H T R O N M. Si on compare leurs extrémités très amincies (O et N, par exemple) avec les grattoirs dessinés en V U et X, on comprendra de suite que ces différences ne sont point l'effet du hasard, mais bien le résultat d'un travail très minutieux..... Peut-être les types H T R O N M servaient-ils à retirer la moelle d'ossements de grosseur variée.

H — Grattoir fort remarquable par la façon dont il a été fabriqué. On a fait sauter un éclat externe grossier, recouvert de la croûte du silex; puis, on a retouché simplement sa partie supérieure, en l'amincissant et en la travaillant d'une façon très fine par de nombreux petits coups. — (Voir le profil O, partie retouchée, — et V, base du silex recouvert de sa croûte.)

Très beau grattoir à tige, en silex brun veiné; la crosse a été taillée de façon à représenter une espèce de ciseau formant un angle droit avec la face plate.

X Autre grattoir à tige, d'un travail très remarquable; l'extrémité en est arrondie en forme de cuiller, les côtés sont retouchés. — Silex brun.

T R O N M. Variété de grattoirs à bec rétréci. Tous ces grattoirs sont finement retouchés; leur profil est très recourbé, comme on peut le voir en T et en O.

U Grattoir à deux bouts très courts, affectant presque la forme circulaire; il est en silex brun jaspé. Ce grattoir est un peu plus mince à l'extrémité où se trouve la crosse de l'éclat. Les côtés ne sont pas retaillés, mais chaque extrémité a reçu une courbe presque demi-circulaire. — M. John Evans, page 302, figure 218 *(Ages de la pierre)*, en donne un exactement semblable, trouvé à Bridlington Yorkshire.

V Grattoir forme fer à cheval. Ce grattoir, taillé dans un large éclat de silex plat un peu rose, est parfaitement symétrique et peut être pris comme type des outils affectant cette forme. La pointe de l'éclat a été taillée en biseau de manière à devenir demi-circulaire; un des côtés a été retouché de façon à ressembler à l'autre. La bulbe de percussion visible sur la face plate est un peu éraillée. La face plate est légèrement recourbée dans le sens de la longueur, et, en raison de cette courbe, l'extrémité de l'outil servant à râcler était reportée en avant.

V' Grattoir également en forme de fer à cheval. Ce spécimen est remarquable par sa petite taille. J'en ai, dans ce modèle, plusieurs de très grande dimension. On peut constater que l'extrémité ainsi que le côté gauche sont travaillés avec soin, tandis que le côté droit n'a pas été retouché.

X Grattoir forme fer à cheval allongé; silex brun rouge veiné. Ce grattoir est fort bien retouché et devait être emmanché, ainsi que l'indique sa base.

U Grattoir en forme de bec de canard. Il est taillé dans un éclat externe quelque peu courbé et portant sur l'un des côtés la croûte primitive du silex; l'extrémité seule a été retaillée.

PLANCHE XX.

Suite des grattoirs magdaléniens, dessinés demi-grandeur.

Beaucoup des grattoirs dessinés sur la pl. XX se ressemblent. Je ne décrirai que les variétés.

A A' A''	Grattoirs à un bout, en silex noir.
B I	Grattoirs taillés des deux côtés avec soin aussi bien qu'à l'extrémité.
H	Très beau grattoir en silex vert laiteux transparent; il est d'un travail admirable, retouché sur ses bords et à ses deux extrémités, dont l'une, celle du bas, est amincie pour s'encastrer dans un manche. Ce grattoir rappelle beaucoup ceux des Esquimaux actuels.
D B D'	Grattoirs des deux bouts. Ces grattoirs sont rares; ceux que je possède sont de magnifiques échantillons remarquables de conservation.
T	Grattoir en silex jaune transparent; l'extrémité et les côtés portent des traces d'usure qui prouvent qu'il a servi d'outil à râcler. La face intérieure est parfaitement plate et très polie.
X	Très beau grattoir en forme de cuiller. On a pratiqué dans la pierre une sorte de manche. Les arêtes du silex jaune transparent sont usées par le frottement. La retouche, en I, faite en demi-cercle, est fort remarquable et se rapporte à ce que j'ai dit pl. xv, sur les objets en A et en M.
V V' V''	Autres grattoirs en forme de cuiller, très beaux et fort bien retouchés.

PLANCHE XXI.

Tous les objets sont dessinés demi-grandeur.

H H' H''	Lances en silex, très acérées, trouvées au niveau magdalénien.
A A	Os taillés en pointe, de très grande taille, devant se fixer à des manches en bois et servir de lances. Les sauvages de l'Amérique possèdent encore des armes terminées par des ossements pointus. — Les cavernes du Poitou sont fort riches en ossements appointés; M. Brouillet en a recueilli de nombreux échantillons dans les grottes du Chaffaud.
B	Os en pointe, plus travaillé que les trois autres; la base a des encoches pour empêcher la ligature de couler et la fixer plus solidement au manche. Cette pièce curieuse a été trouvée au niveau moustérien.
D D'	Pointes de flèches en os, du niveau magdalénien; celle en D' est couverte de rayures formant ornement, peut-être pour y introduire du poison.
I N O T U V X	Lances en silex, de l'époque moustérienne, trouvées au niveau inférieur. Toutes ces lances sont en silex très varié, et possèdent la bulbe de percussion très apparente.

PLANCHE XXII.

Tous les objets viennent du niveau magdalénien et sont reproduits grandeur nature.

A Belle pointe de lance, très travaillée, en silex rose.

B Autre belle pointe de lance, en silex noir ; les côtés coupent comme un véritable rasoir. La fabrication de cette pièce est d'une régularité parfaite.

H Pointe de flèche, en silex jaune laiteux transparent.

U V Autres pointes de flèche.

O Belle pointe de lance, à cran à la base, pour retenir le manche ; toutes ces pièces avec bulbe de percussion très en relief sur la partie détachée.

PLANCHE XXIII.

Variété de pointes moustériennes du niveau inférieur, dessinées demi-grandeur.

La grotte des Cottés était fort riche en pointes moustériennes ; j'en ai recueilli de toute taille, près de cent pièces variant d'un travail simple et grossier à un fini de retouche vraiment admirable.

D Pointe moustérienne en silex noir, remarquable par sa grandeur ; elle a seize centimètres : c'est, je crois, la plus grande connue. — M. de Mortillet, dans son *Musée préhistorique*, dit que la grandeur ordinaire des pointes moustériennes est de sept centimètres et demi, et la grandeur exceptionnelle de douze à treize centimètres. — D'après le *Reliquiæ Aquitaniæ*, la plus grande pointe moustérienne recueillie par M. Lartet n'a que douze centimètres. — Bulbe de percussion très apparente.

B Belle pointe moustérienne, en silex jaune, avec son profil et la bulbe de percussion en V.

A Belle pointe très finement retouchée. La base a été amincie par de nombreux coups, afin de l'emmancher plus facilement. Le point I, très en relief, donnait de la solidité au manche en formant un arrêt.

O O' O'' Variété de pointes moustériennes de différentes dimensions.

PLANCHE XXIV.

A Très belle pointe, en silex noir, remarquable par sa belle fabrication. Bulbe de percussion peu saillante. — Grandeur nature.

B — Belle pointe en silex jaune transparent, très pointue et d'un travail très fin. — Grandeur nature.

I U V — Petites pointes moustériennes, avec bulbe de percussion. — Demi-grandeur.

O — Petite pointe moustérienne en silex noir, avec bulbe de percussion; elle n'a que quatre centimètres : c'est la plus petite que j'ai recueillie.

PLANCHE XXV.

Admirable pointe moustérienne, d'une régularité et d'un travail splendide. Je n'en ai vu nulle part d'aussi parfaite. Cette belle pièce a treize centimètres de longueur sur six et demi de largeur; elle est en silex gris foncé et assez épaisse, surtout à la base qui était très renforcée et permettait de la tenir à la main et de s'en servir comme d'un casse-tête.

La face inférieure est très plate et entièrement unie, avec plan de frappe et bulbe de percussion très saillante.

Cette arme, merveille de travail et de fabrication, devait nécessairement appartenir au chef, et je suis convaincu que nos troglodytes de la Gartempe n'ont pas dû en produire beaucoup de ce calibre. Vu l'épaisseur de la pièce et le taillant de la bulbe, le coup qui l'a détachée du noyau a dû être donné par un bras d'une vigueur exceptionnelle.

Oᵗᵉ de Rochebrune fec — GROTTE DES COTTES VUE DE FACE — fec nov 1880

COUPE DE LA GROTTE DE L'EST A L'OUEST

N° 314

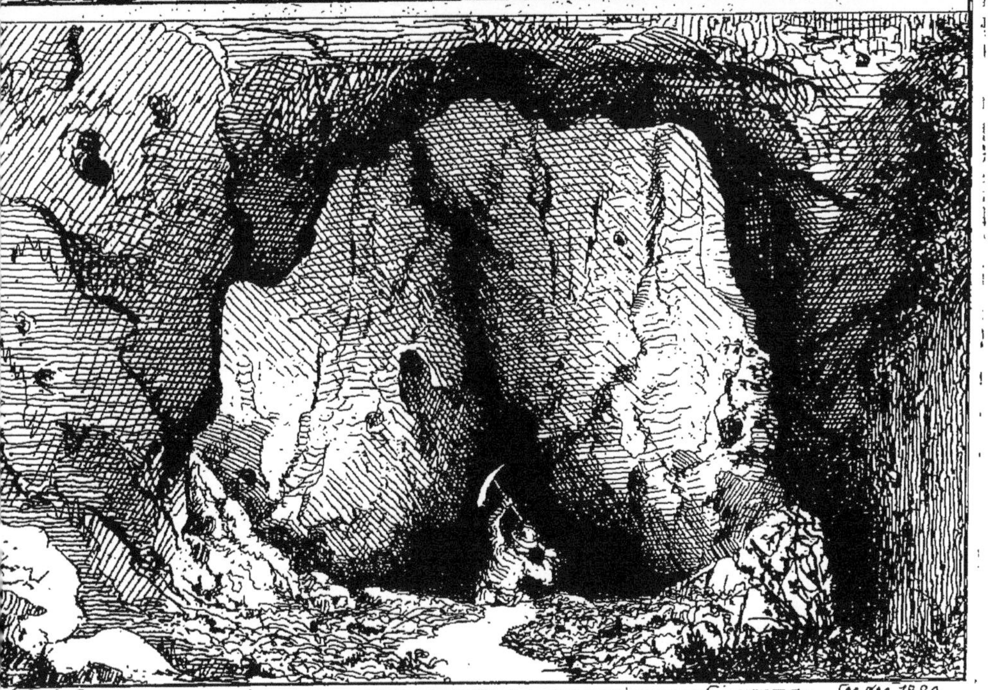

de Rochebrune ENTRÉE ET INTERIEUR DE LA GROTTE DES COTTES Sec dec 1880

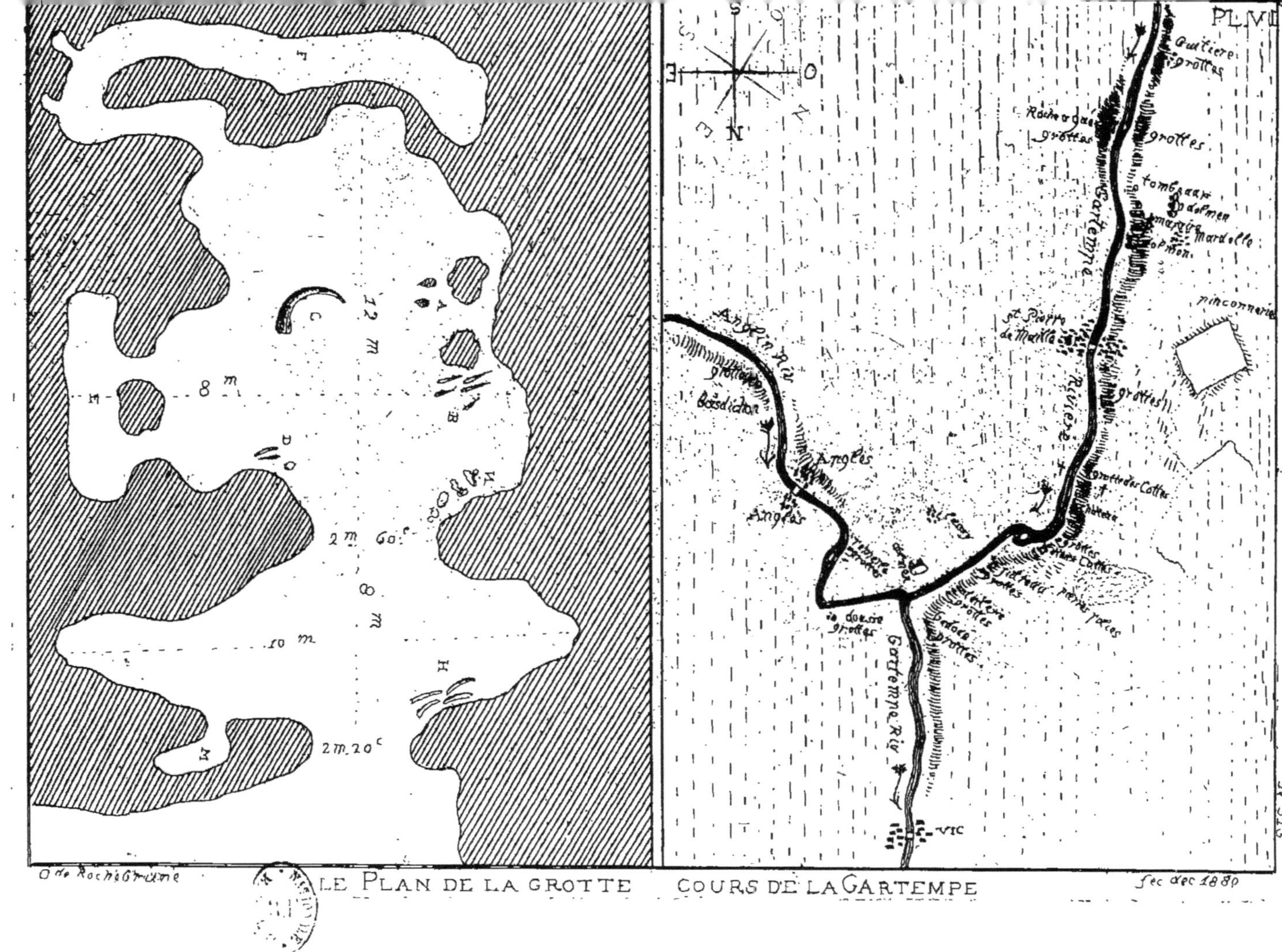

O de Rochebrune

LE PLAN DE LA GROTTE   COURS DE LA GARTEMPE

Sec dec 1880

M
I
B'
B
A

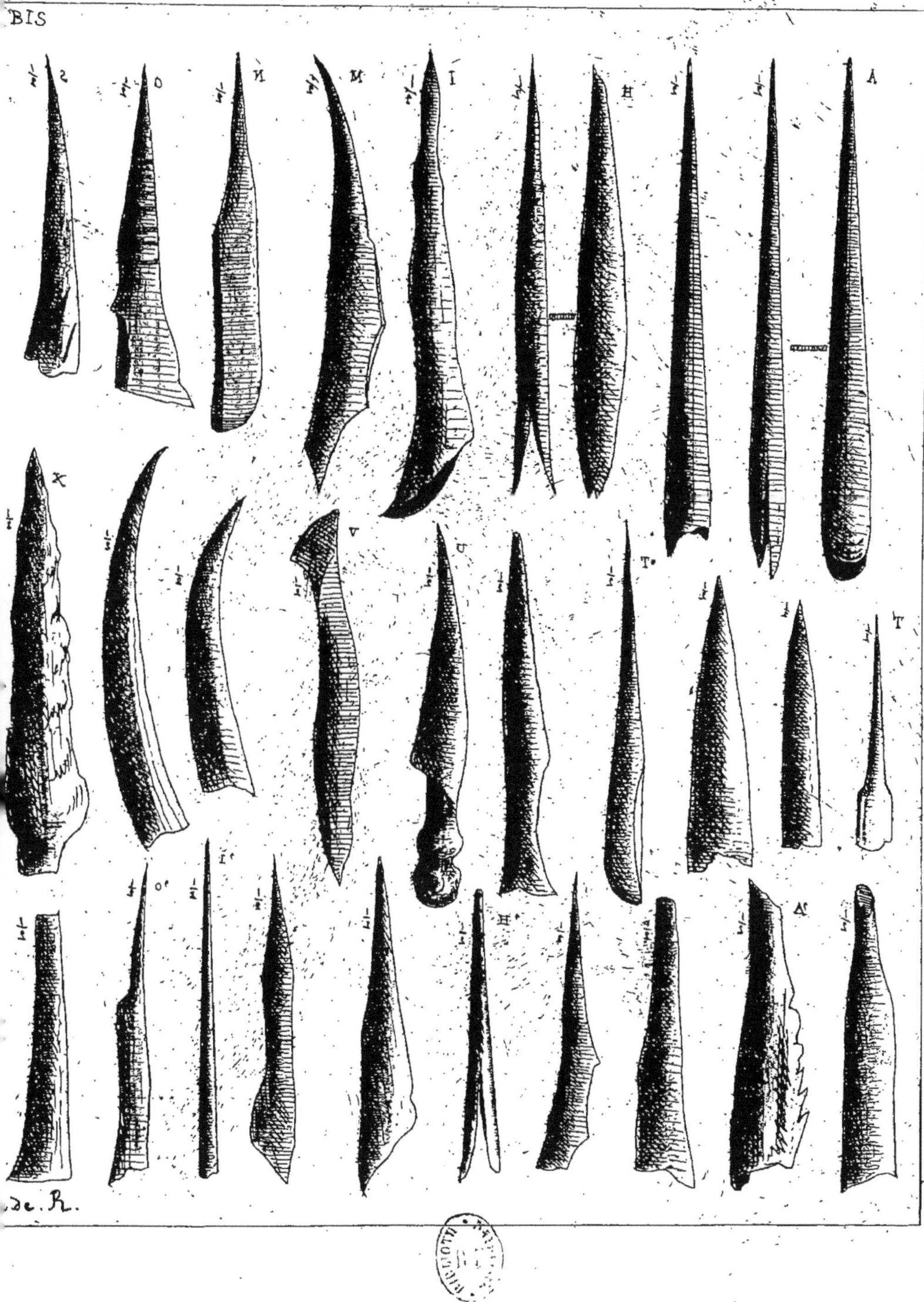

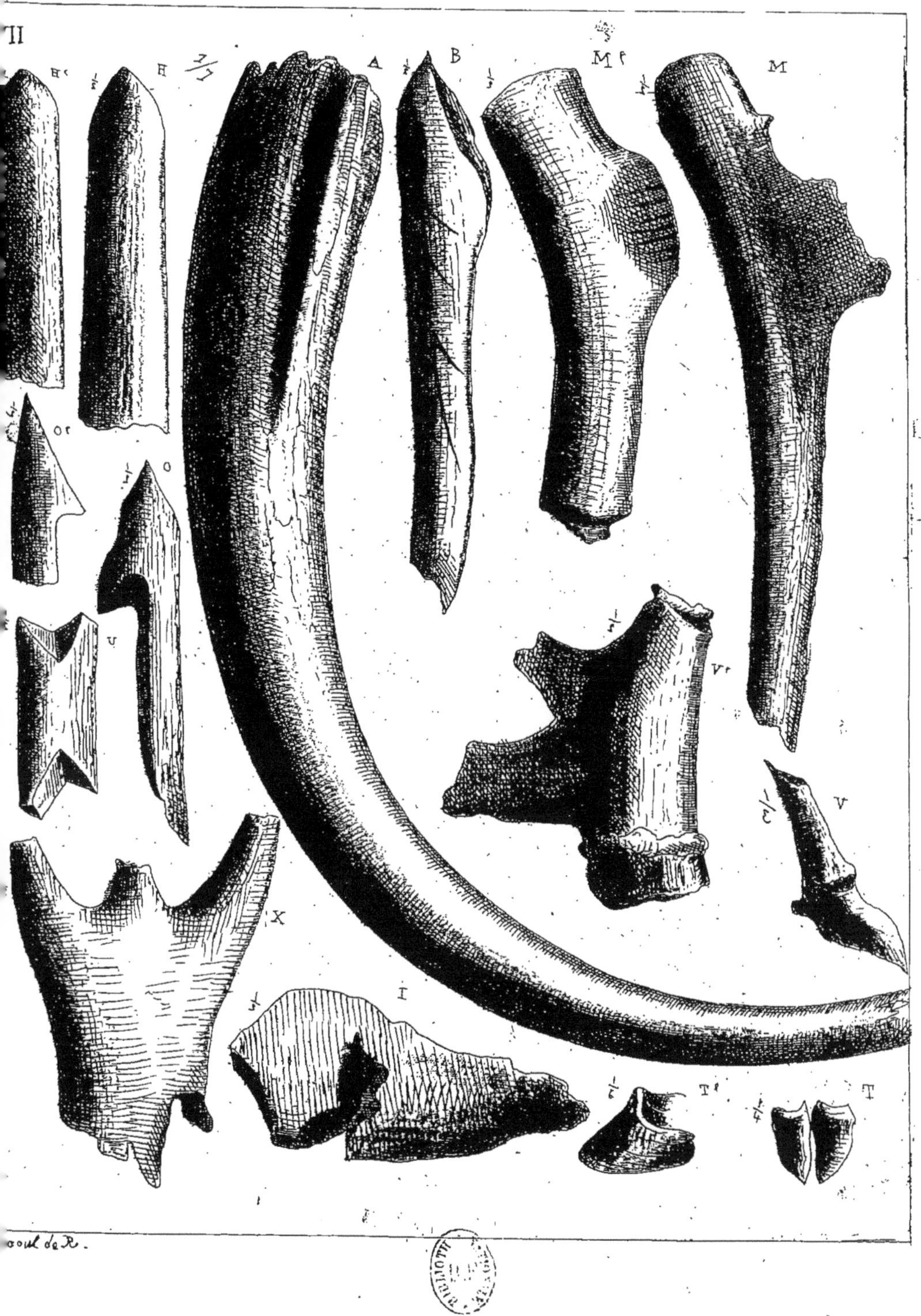

II
A
B
M'
M
H'
H
O'
O
U
V'
V
X
I
T'
T

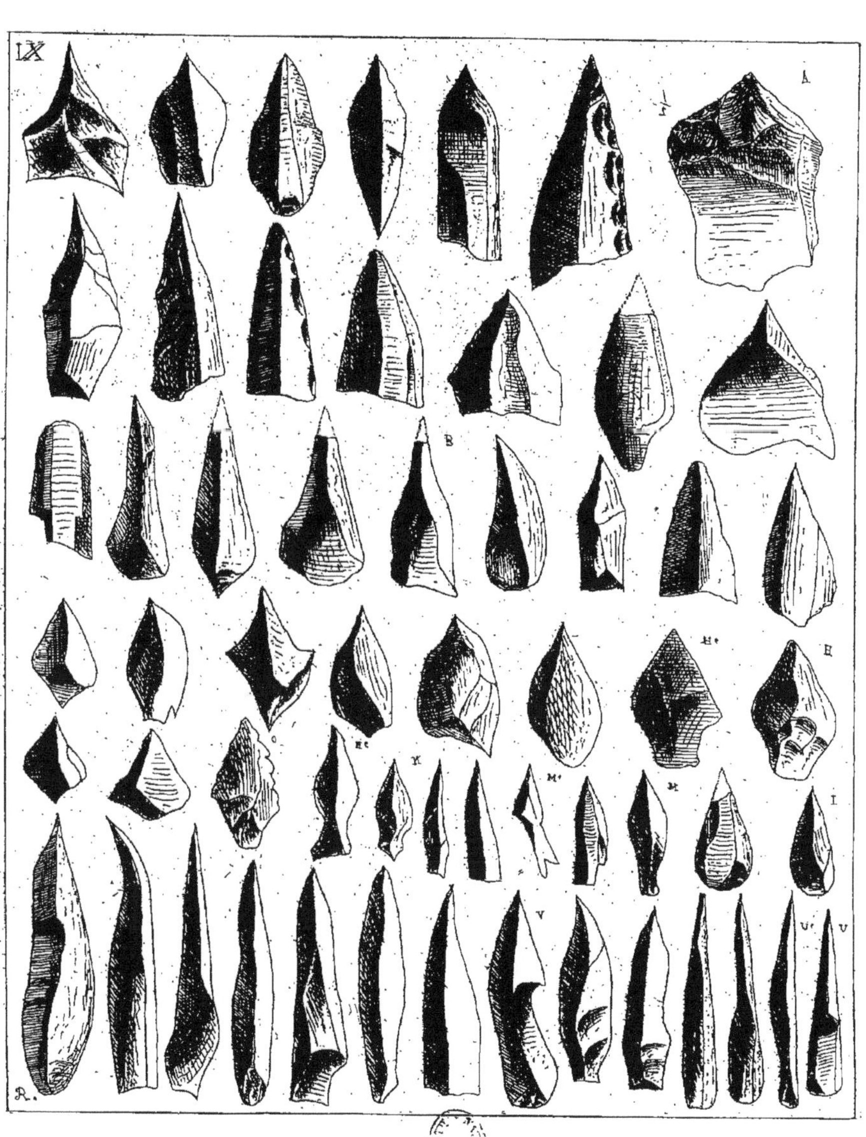

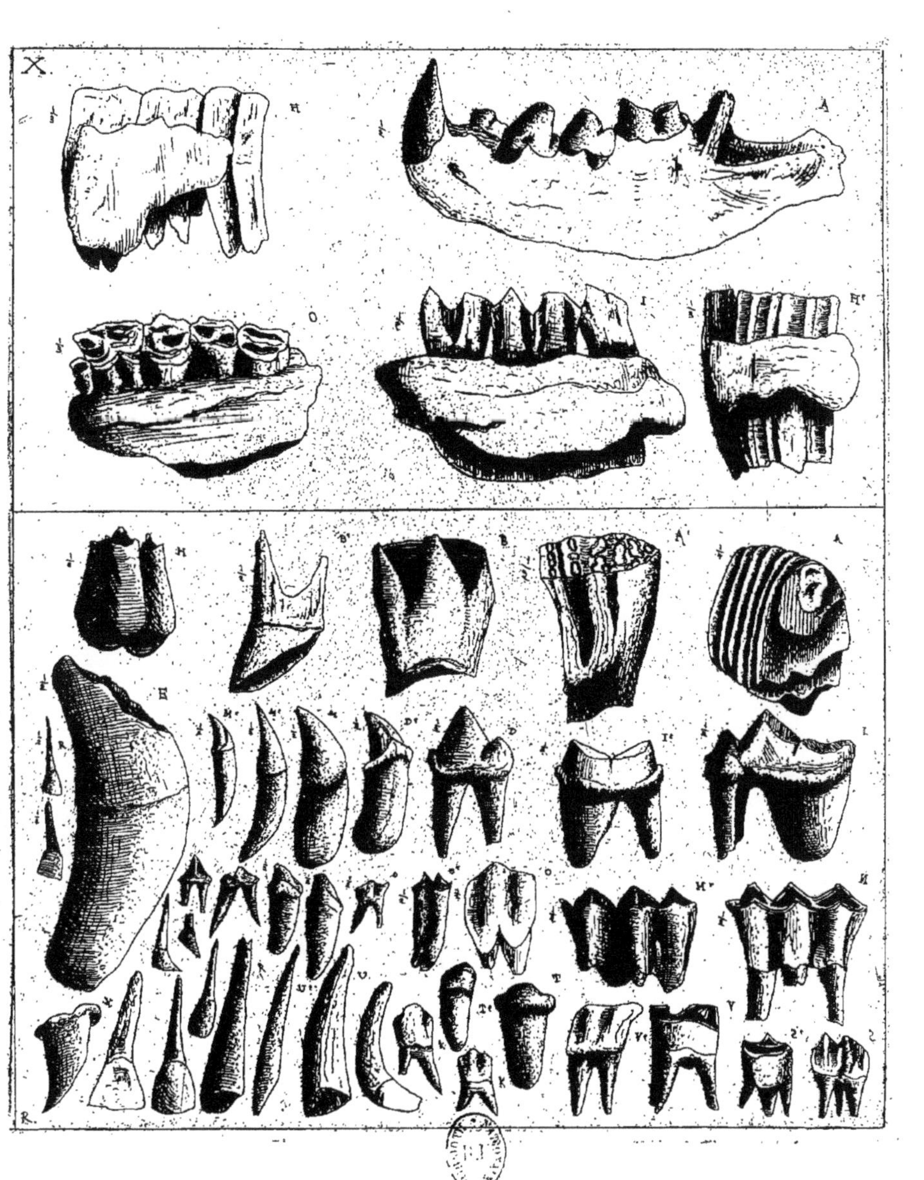

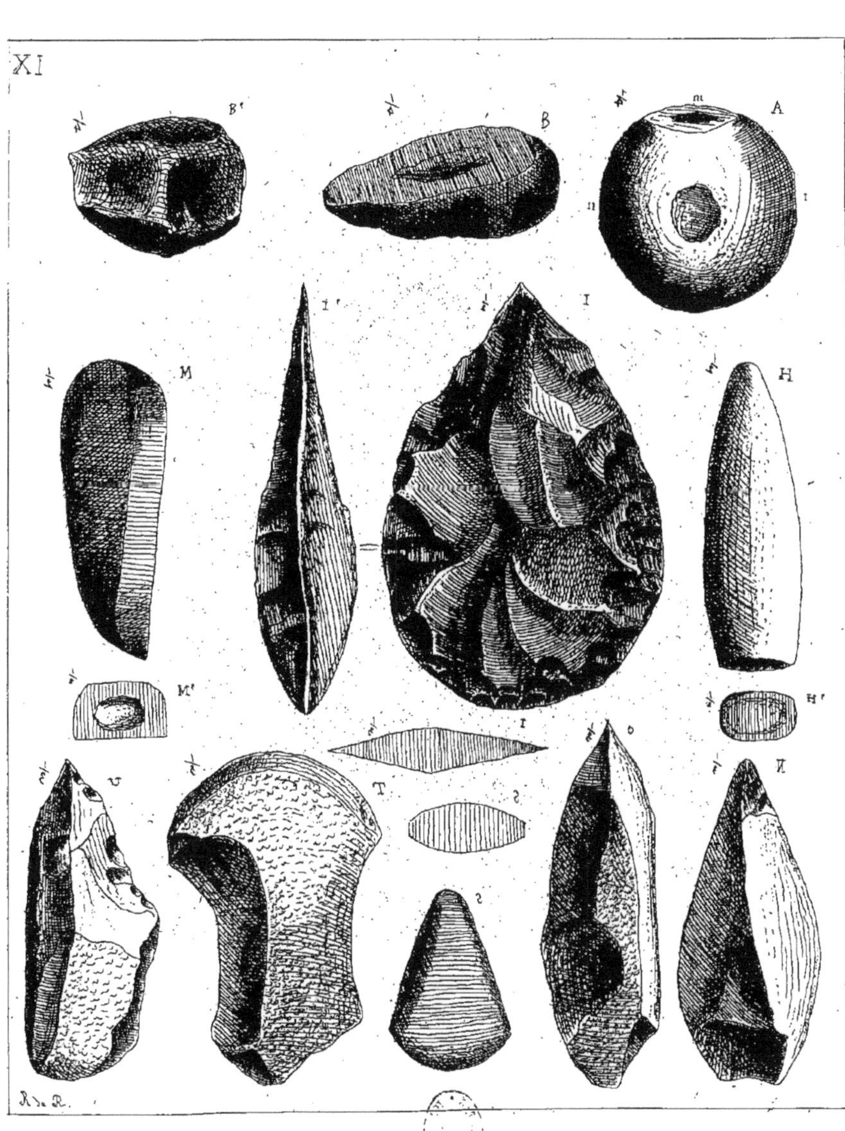
XI

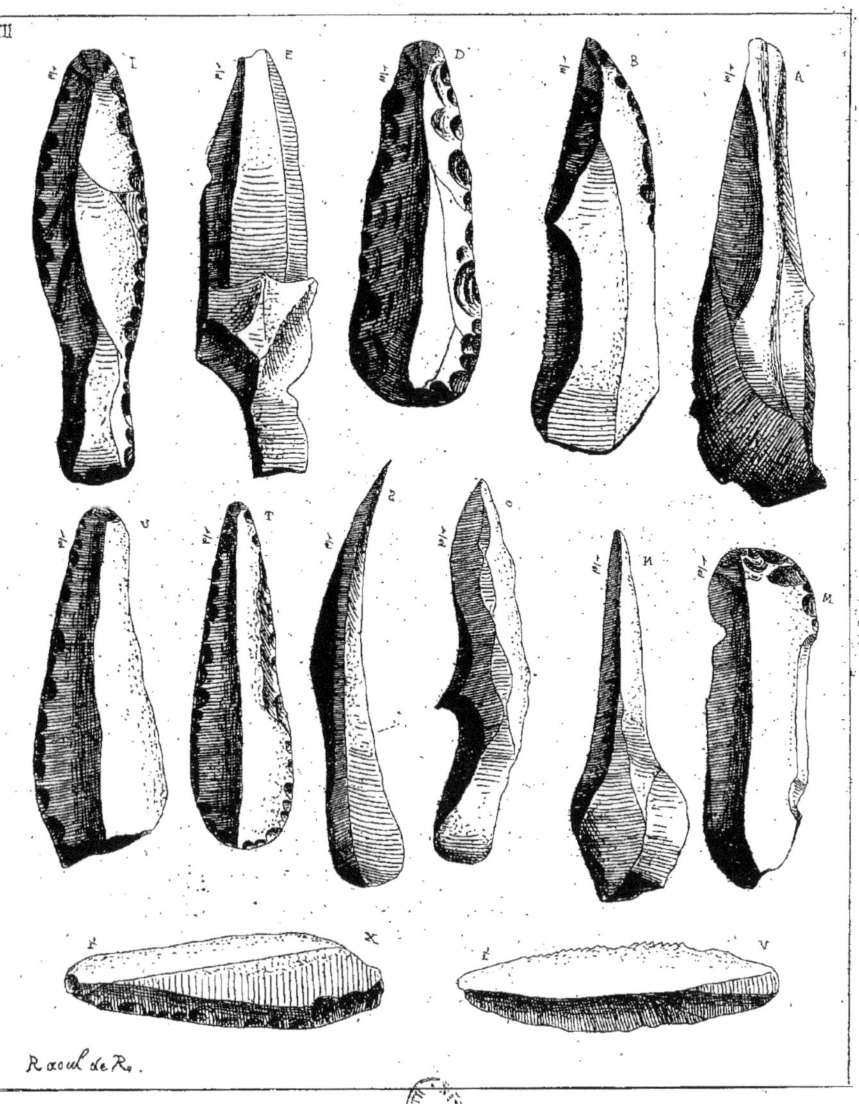
XII
I
E
D
B
A
U
T
S
O
N
M
X
V
Raoul de R.

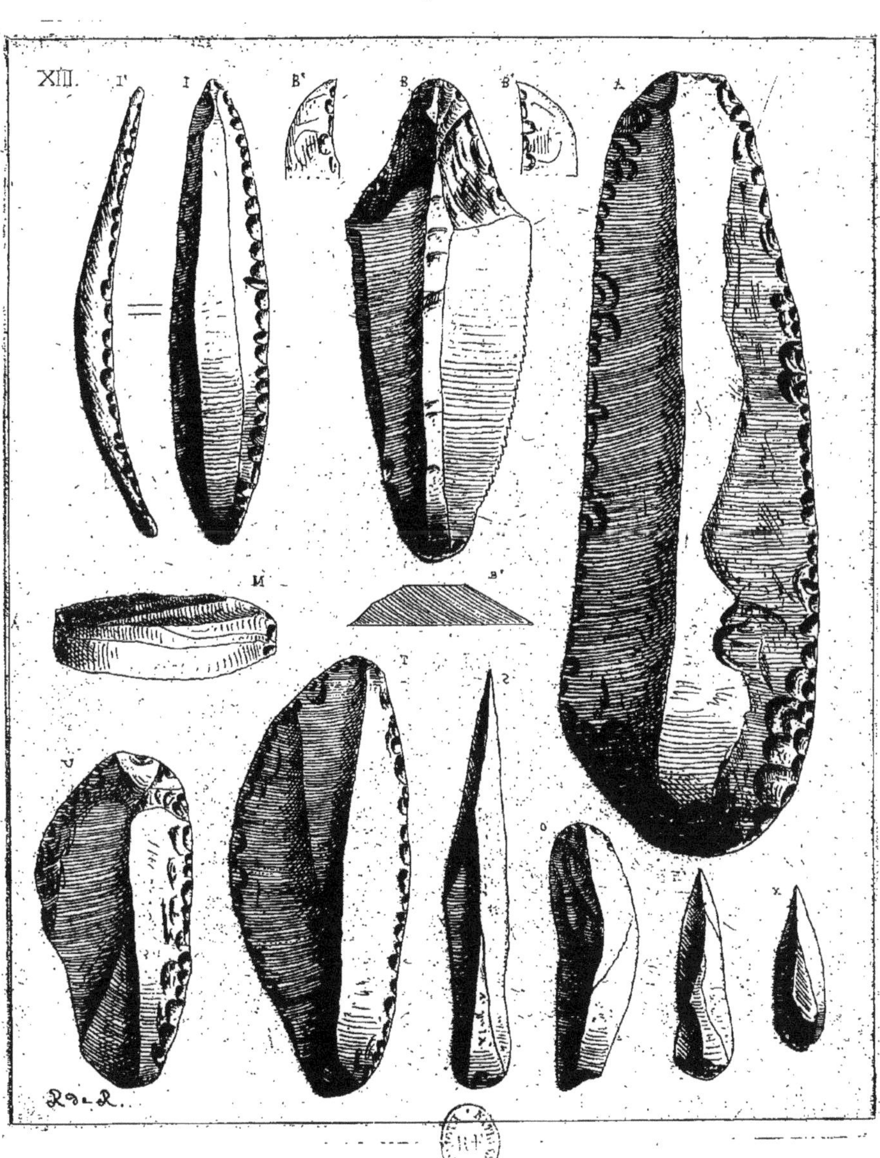

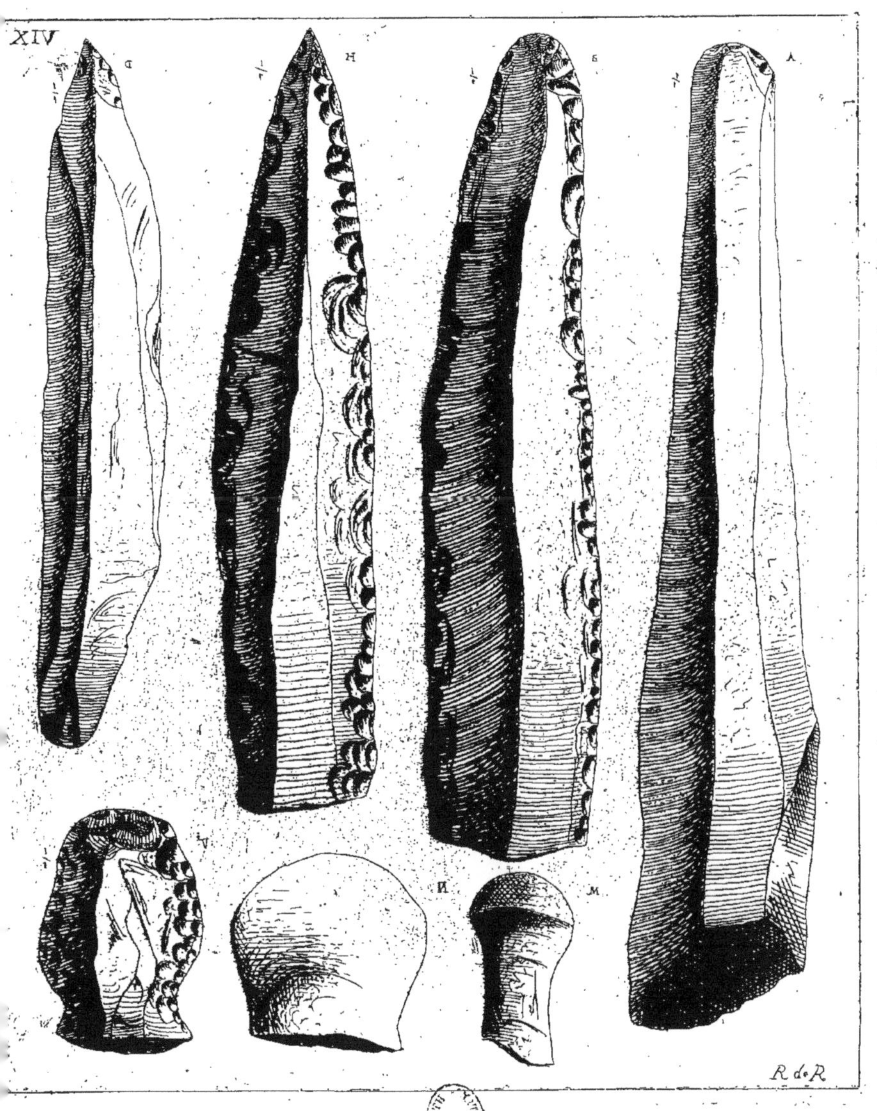
XIV
R de R

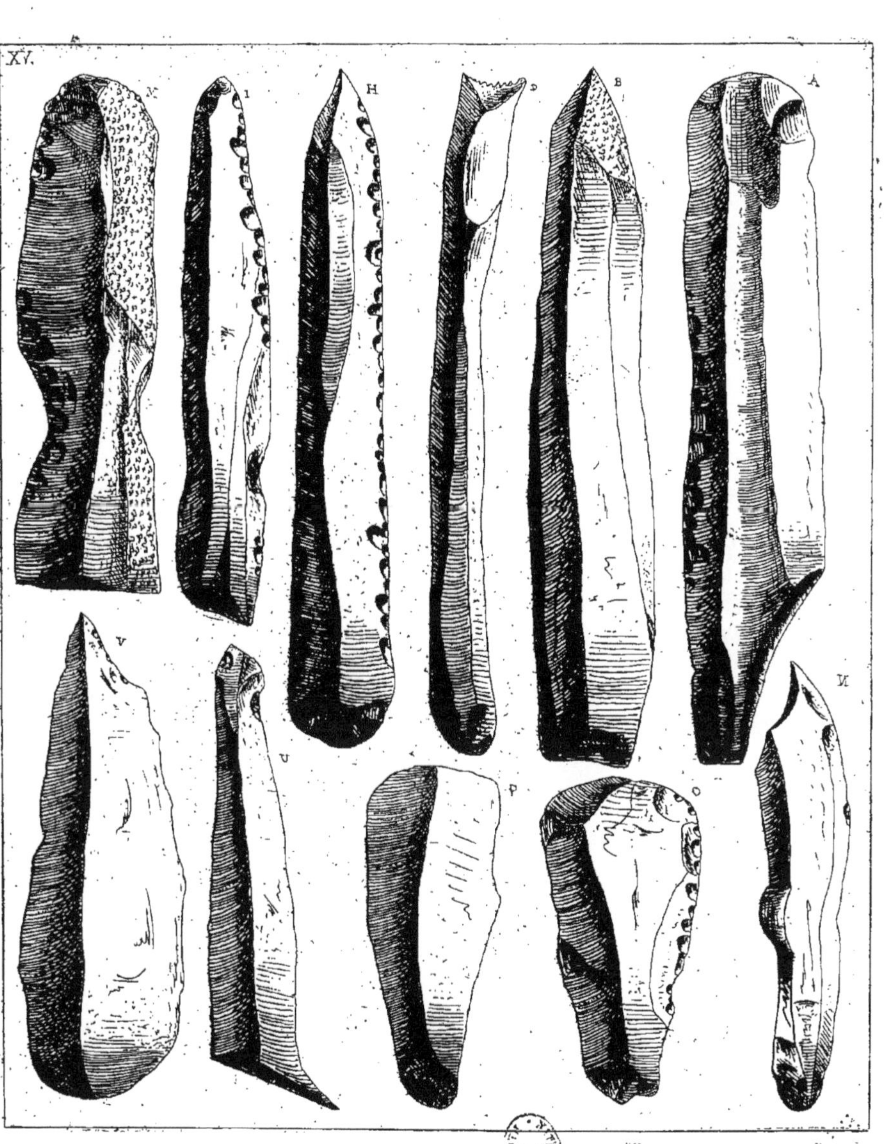
XV.
H
B
A
V
U
P
O

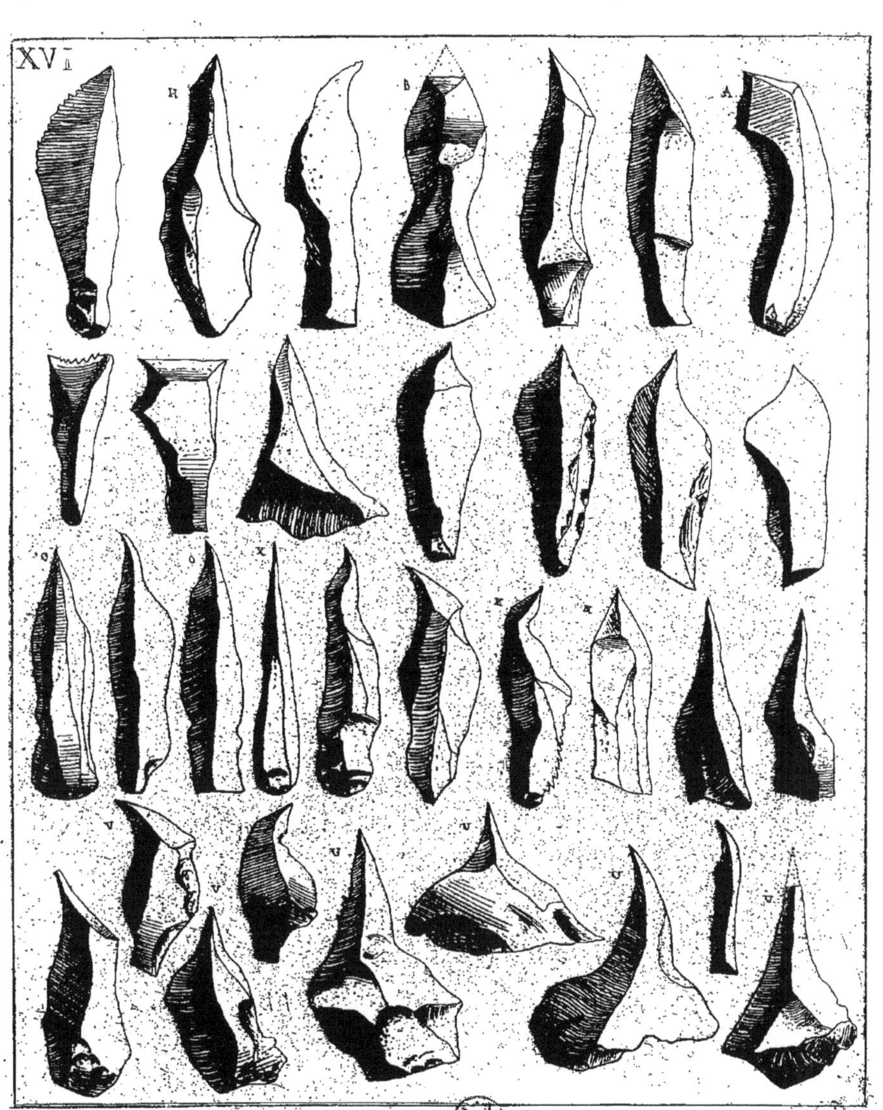
XVI

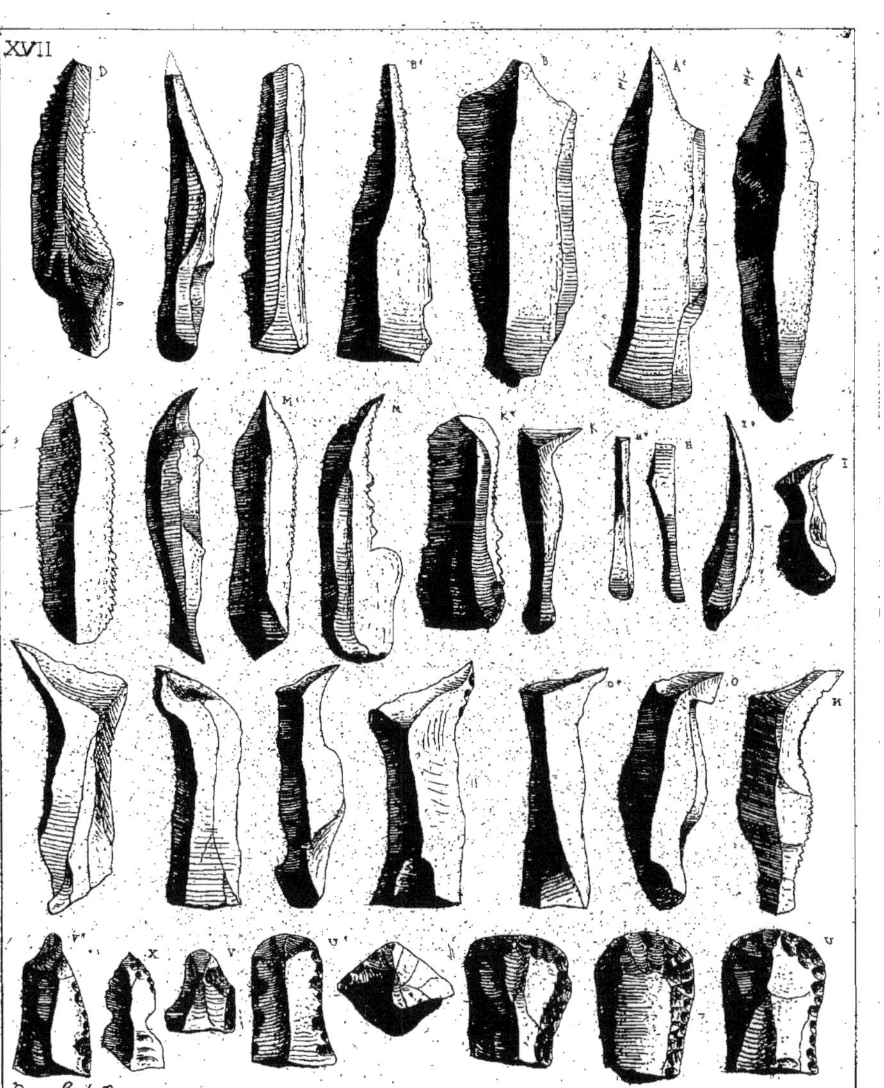
XVII
D
B'
B
A'
A
M'
M
K'
K
H'
H
I'
I
O'
O
N
V'
X
V
U'
U
Raoul de R.

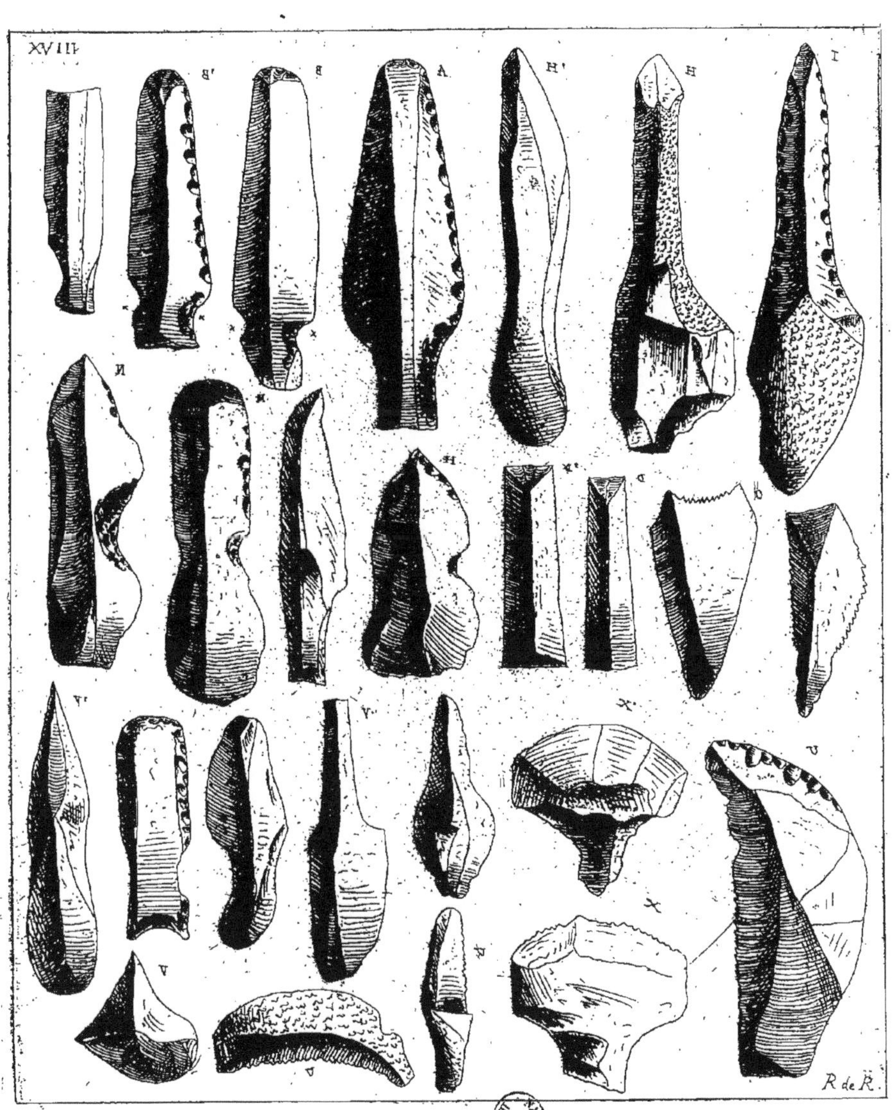

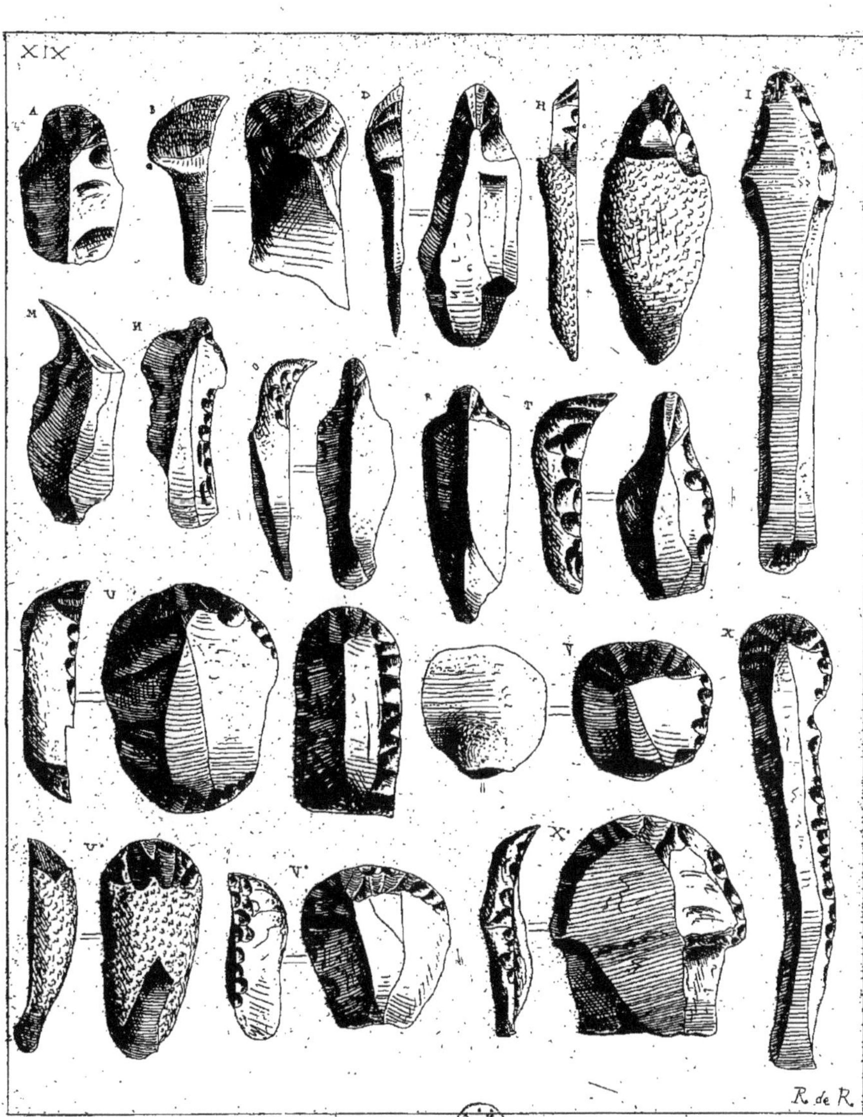
XIX
A
B
D
H
I
M
R
T
U
V
X
R. de R.

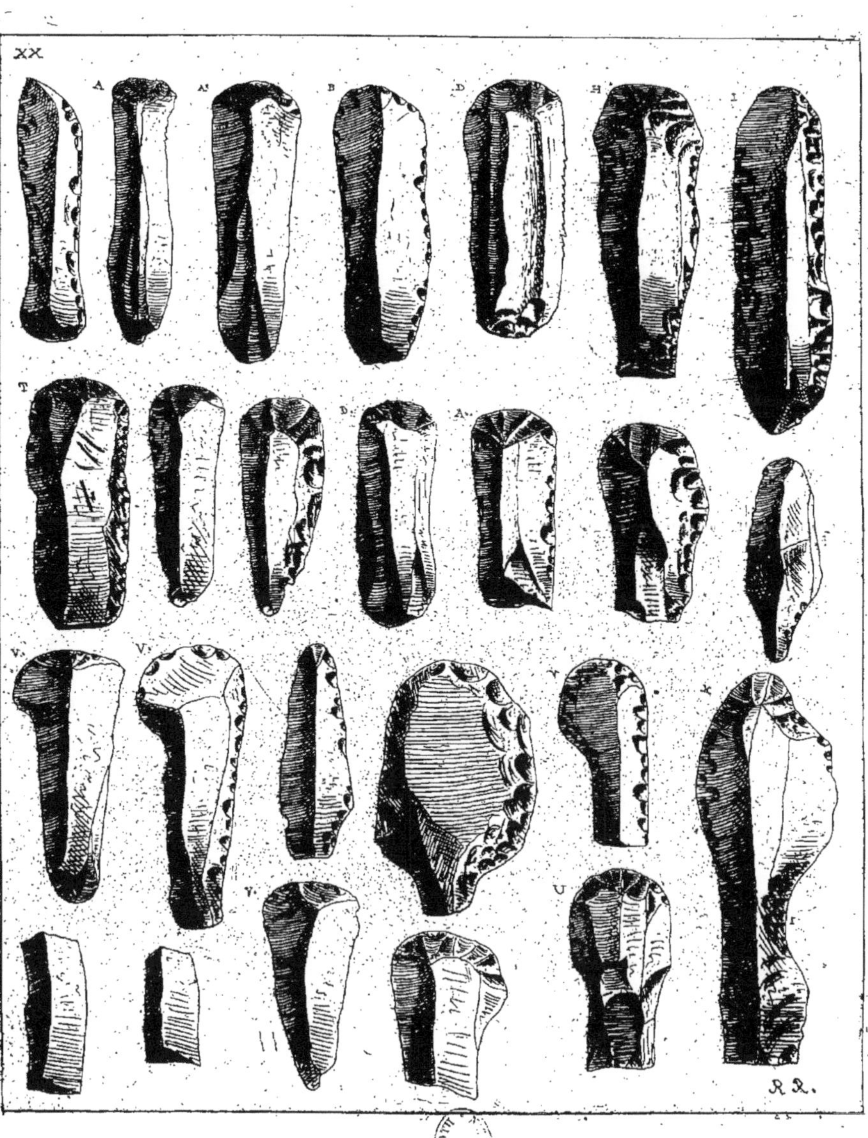
XX
R.R.

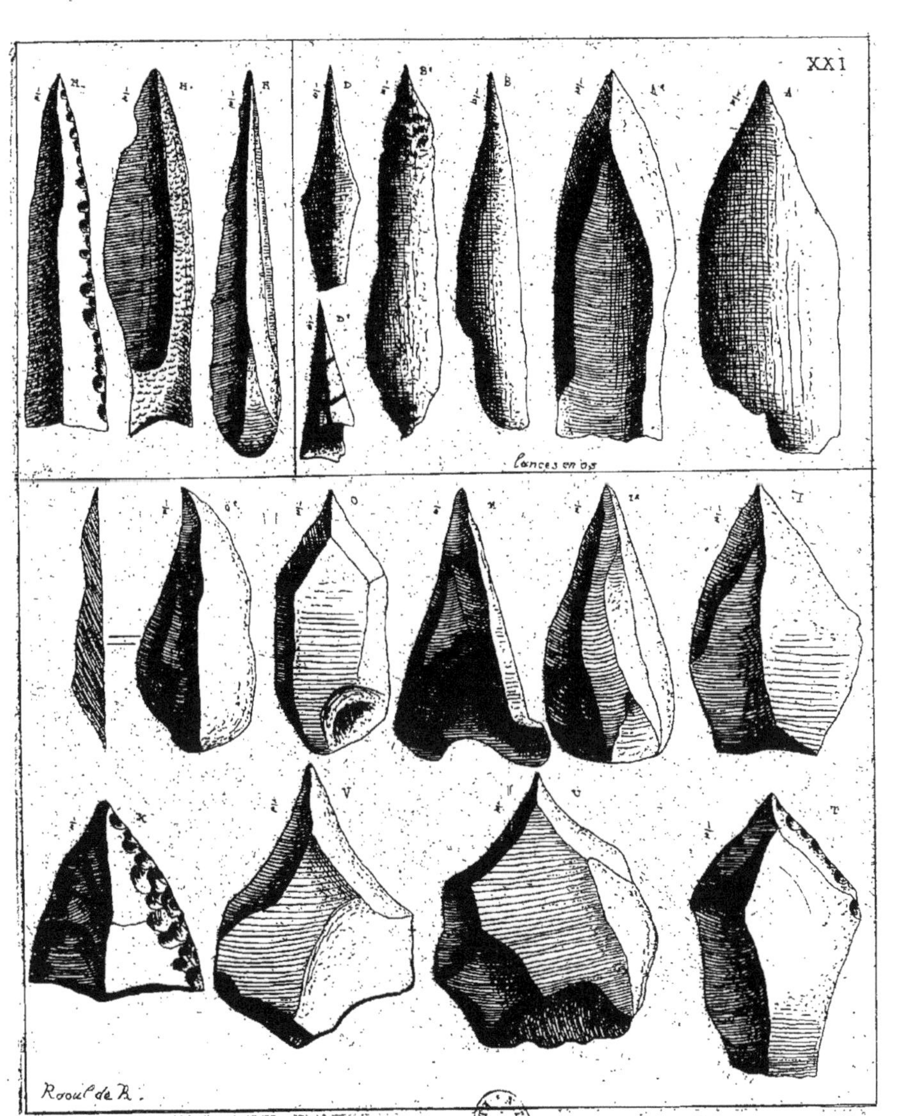
XXI
Lances en os
Raoul de R.

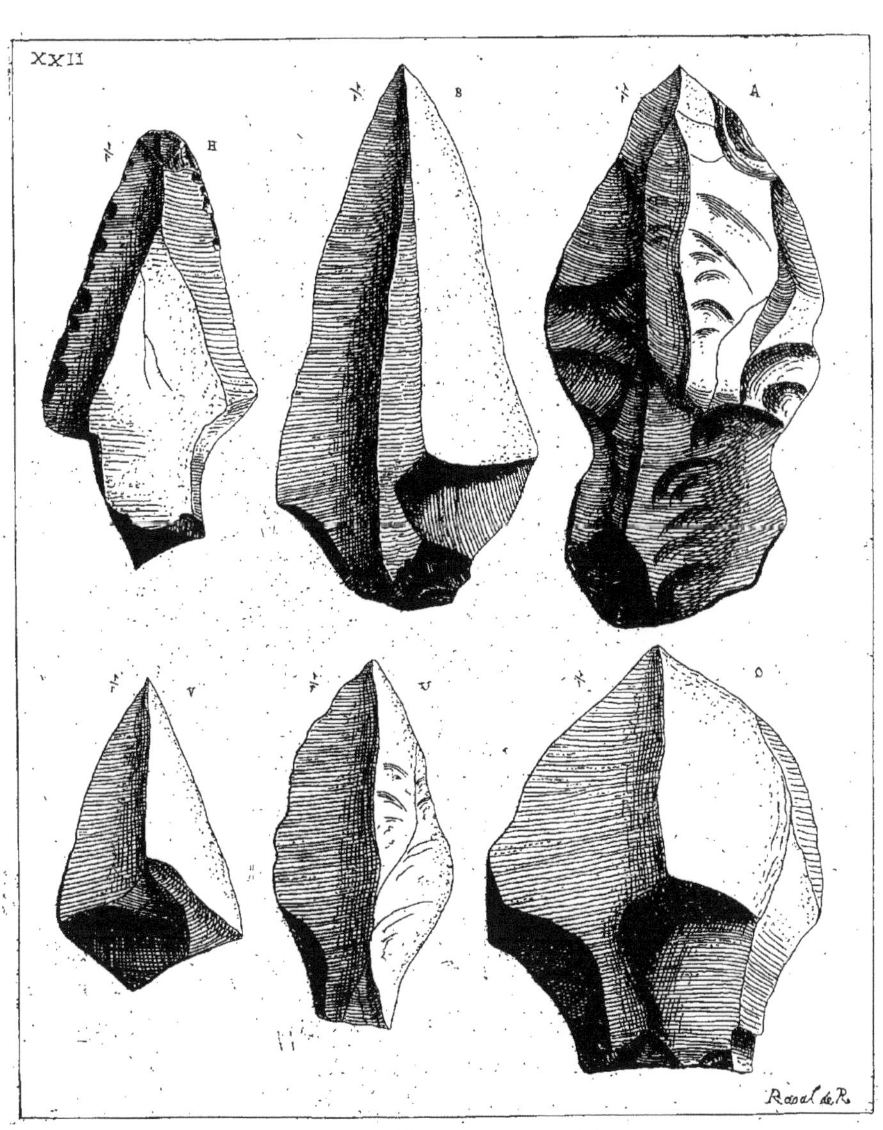
XXII
H
S
A
V
U
O
Raoul de R.

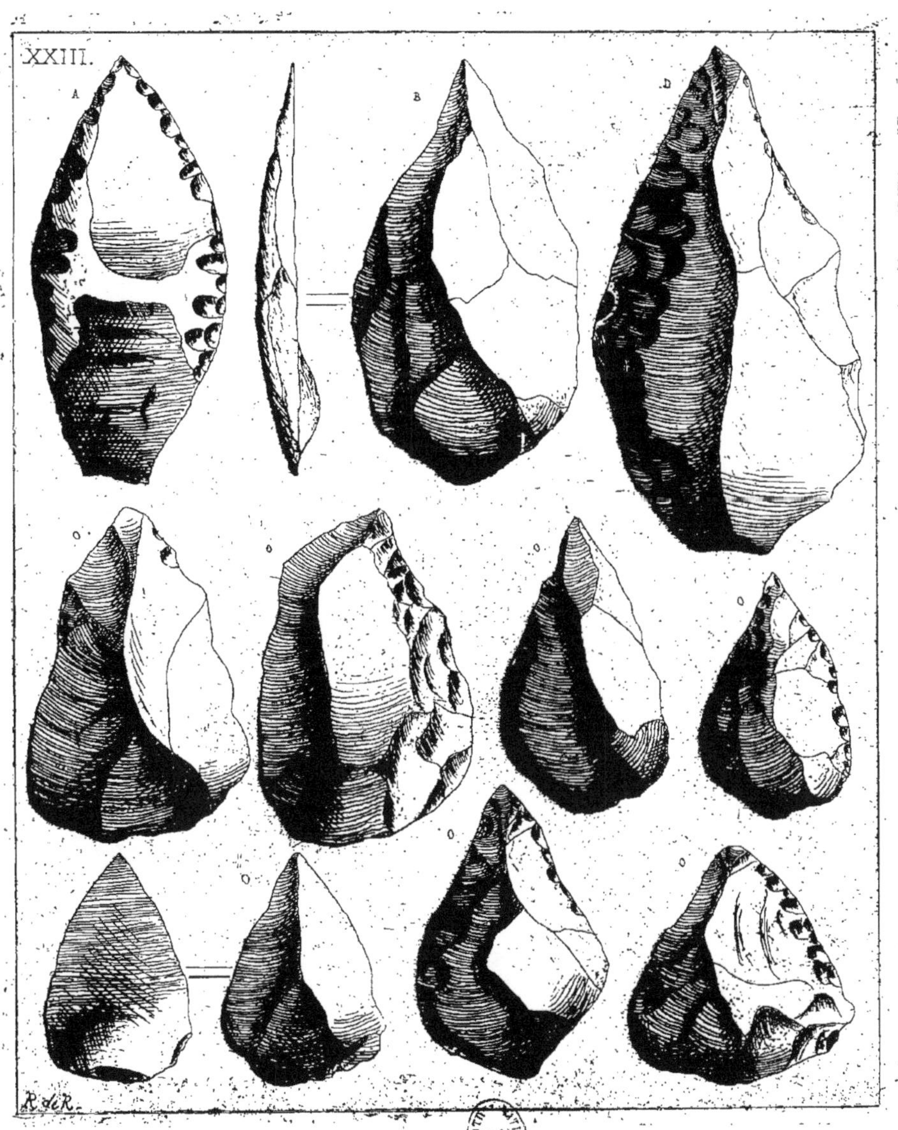
XXIII.
A
B
D
R. del R.

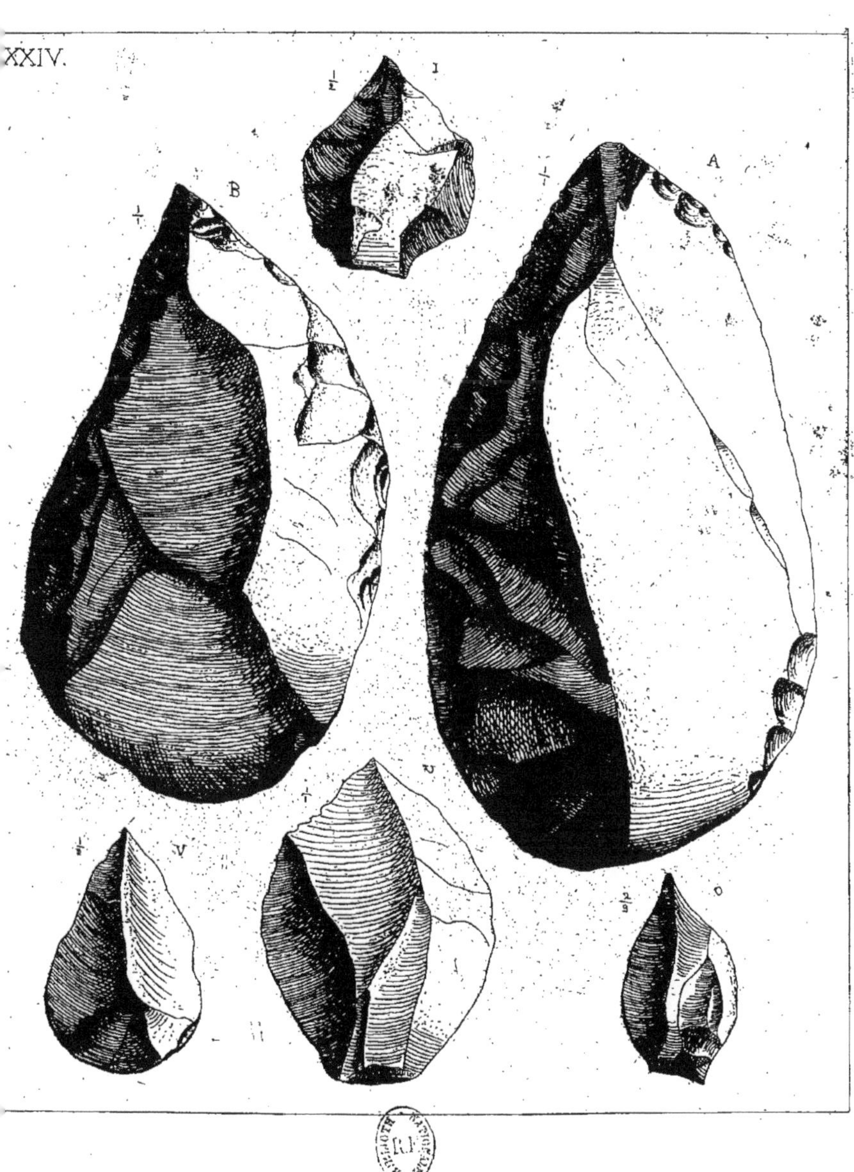
XXIV.
I
A
B
V
U
O

XXV.

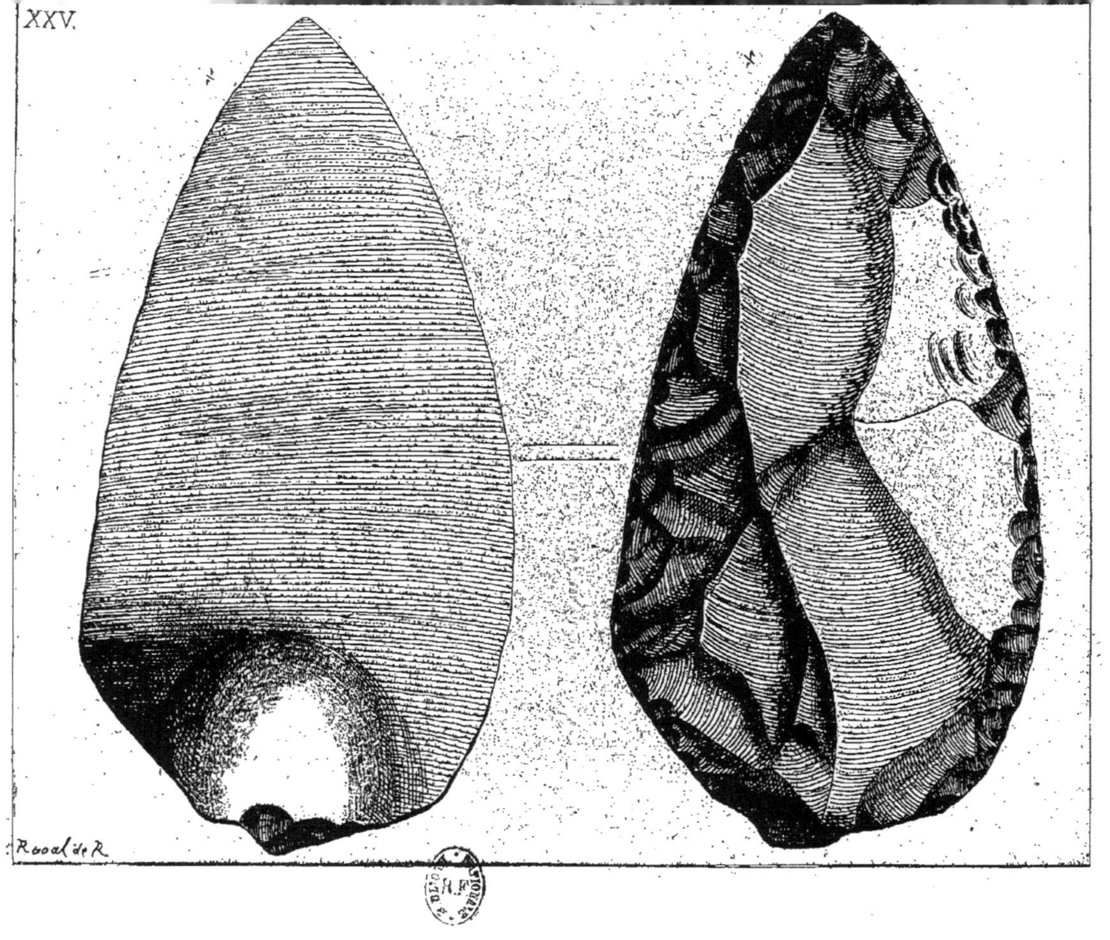

LES

TROGLODYTES

DE LA GARTEMPE

FOUILLES

DE LA GROTTE DES COTTÉS

PAR

RAOUL DE ROCHEBRUNE

26 planches à l'eau-forte par MM. Octave *et* Raoul DE ROCHEBRUNE
Reproduction de 340 objets

FONTENAY-LE-COMTE

IMPRIMERIE CHARLES CAURIT

1881

FONTENA CUM FELICIUM INGENIORUM SCATURIGO

LES TROGLODYTES DE LA GARTEMPE

FOUILLES DE LA GROTTE DES COTTÉS

EAUX-FORTES

(26 planches)

Par MM. Octave et Raoul DE ROCHEBRUNE

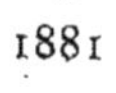

1881

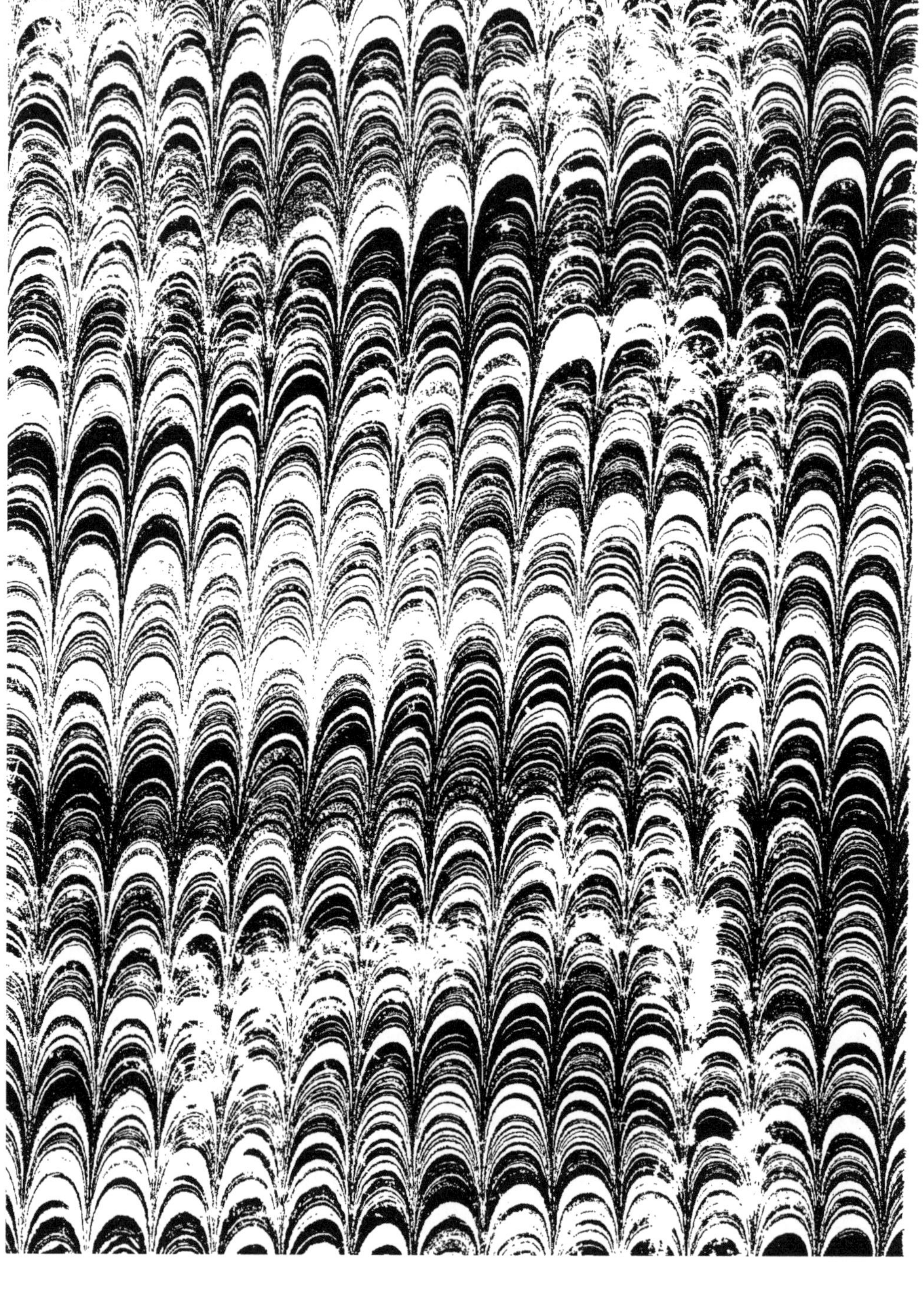